电子技术实验指导书

主　编　姜凤利　胡　博　谭东明

副主编　王敬依　郭　丹　袁青云　李俐莹

参　编　黄　蕊

东北大学出版社
·沈　阳·

ⓒ 姜凤利　胡　博　谭东明　2023

图书在版编目（CIP）数据

电子技术实验指导书 / 姜凤利，胡博，谭东明主编
. — 沈阳：东北大学出版社，2023.6
ISBN 978-7-5517-3289-5

Ⅰ. ①电…　Ⅱ. ①姜…　②胡…　③谭…　Ⅲ. ①电子技
术－实验－高等学校－教学参考资料　Ⅳ. ①TN-33

中国国家版本馆 CIP 数据核字（2023）第 109724 号

出　版　者：东北大学出版社
　　　　　　地址：沈阳市和平区文化路三号巷 11 号
　　　　　　邮编：110819
　　　　　　电话：024 - 83680176（总编室）　83687331（营销部）
　　　　　　传真：024 - 83680176（总编室）　83680180（营销部）
　　　　　　网址：http://www.neupress.com
　　　　　　E-mail：neuph@ neupress.com
印　刷　者：沈阳市第二市政建设工程公司印刷厂
发　行　者：东北大学出版社
幅面尺寸：185 mm×260 mm
印　　张：13.25
字　　数：298 千字
出版时间：2023 年 6 月第 1 版
印刷时间：2023 年 6 月第 1 次印刷
策划编辑：牛连功
责任编辑：杨世剑　周　朦
责任校对：王　旭
封面设计：潘正一

ISBN　978-7-5517-3289-5　　　　　　　　　　定　价：36.00 元

前　言

众所周知，电子技术已经遍及各行各业，无论是工业、农业、医学、军事等领域的科学研究，还是人们的日常生活，都与电子技术息息相关。因此，为适应时代需要，很多高等院校相关工科专业均开设了电子技术课程。

电子技术课程包括模拟电子技术和数字电子技术，是高等院校工科专业的重要基础课程，具有很强的理论性和实践性。理论教学与实验教学紧密结合，是提高该课程教学质量和学习质量的关键环节。

在内容上，本书涵盖了电子技术课程的全部实验内容，主要包括常用电子仪器、NI Multisim 12 使用指南、数字电子技术实验、数字电子技术仿真实验、模拟电子技术实验、模拟电子技术仿真实验等内容，本书后还附有集成逻辑门电路逻辑符号、常用数字集成电路型号及引脚图供读者参考。在结构上，本书分为电子技术实验工具、数字电子技术实践和模拟电子技术实践三个部分。其中，数字电子技术实践和模拟电子技术实践又分为硬件电路和软件仿真两个部分。硬件电路部分主要借助数字电子技术实验箱、模拟电子技术实验箱上的资源，使用不同的电子仪器仪表对典型数字电路、模拟电路及电子技术综合系统进行分析、设计和测试。软件仿真部分通过引入 NI Multisim 12 仿真平台，使用其中各种元器件、分析方法和虚拟仪器仪表构建典型的数字电路、模拟电路及电子技术综合系统，并对电路进行辅助分析、设计与仿真。通过将计算机仿真技术融入电子技术课程的学习中，让学生充分发挥主观能动性，激发他们的学习兴趣，提高他们的实践和创新能力。

本书编写的初衷在于将电子技术理论教学与实践环节有机地结合起来，实现理论、仿真、实验相结合，加深学生对基础理论的理解，培养学生分析、设计、组装和调试电子电路的基本技能，掌握科学的实验方法，提升综合应用能力和实验研究能力，使他们成为具有创新精神、较强实践能力的高素质人才。

本书共分六章，具体编写分工如下：第一章由袁青云、黄蕊编写；第二章由王敬侬编写；第三章由姜凤利编写；第四章由谭东明编写；第五章由胡博、李俐莹编写；第六章由胡博、郭丹编写。姜凤利还负责编写附录部分内容，以及本书的统稿工作。本书由陈春玲教授担任主审。

限于编者水平，本书中难免存在疏漏或不妥之处，敬请读者批评、指正。

编　者

2023 年 3 月

目　录

第一部分　电子技术实验工具

第二部分　数字电子技术实践

第一部分

电子技术实验工具

第一章　常用电子仪器

第一节　示波器

电子示波器又称阴极射线示波器，简称示波器，是电子电路调试和电子设备检测中不可缺少的主要电子测量仪器。它既可以用来显示被观测信号的波形，又可以对信号做时间和幅值的定量测试，还可以进行波形间的相位测量。

示波器分为数字示波器和模拟示波器两类，下面主要介绍 SDS1000CML 系列数字存储示波器。

SDS1000CML 系列数字存储示波器的体积小巧、操作灵活；采用 7 英寸宽屏彩色 TFT-LCD 及弹出式菜单，波形显示更清晰、更稳定，实现了其易用性，大大提高了用户的工作效率；有边沿、脉冲、视频、斜率、交替等丰富的触发功能；有独特的数字滤波与波形录制功能；有 3 种光标模式、32 个自动测量种类、2 组参考波形、20 组普通波形、20 组设置内部存储或调出；支持波形、设置、CSV 和位图文件 U 盘外部存储或调出；实时采样率最高为每秒千兆采样、存储深度最高为 2 万采样点，完全满足捕捉速度快、信号复杂的市场需求；支持 USB 设备存储，用户还可以通过 U 盘对软件进行升级，最大限度地满足用户需求；支持 PictBridge 直接打印，满足最广泛的打印需求；同时有 12 种语言界面显示及嵌入式在线帮助系统，方便用户操作和使用。

下面介绍 SDS1000CML 系列数字存储示波器的面板、用户界面的功能和使用方法。

一、面板和用户界面简介

在使用 SDS1000CML 系列数字存储示波器以前，首先需要了解其操作面板，以下对 SDS1000CML 系列的前、后面板及用户界面做简单的介绍。

1. 前面板

SDS1000CML 系列数字存储示波器前面板上包括旋钮和功能按钮。该显示屏右侧一列的 5 个灰色按钮为菜单操作按钮，通过这些按钮用户可以设置当前菜单的不同选项；其他按钮为功能按钮，通过这些按钮用户可以进入不同的功能菜单或直接获得特定的功能应用。

SDS1000CML 系列数字存储示波器前面板如图 1-1-1 所示。

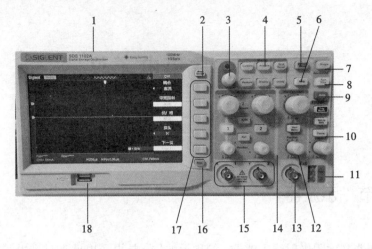

图 1-1-1　SDS1000CML 系列数字存储示波器前面板示意图

1—电源开关；2—菜单；3—"万能"旋钮；4—常用功能按钮；5—默认设置；6—帮助信息；

7—单次触发；8—运行/停止控制；9—波形自动设置；10—触发控制；11—探头元件；

12—水平控制系统；13—外触发输入通道；14—垂直控制系统；15—模拟通道输入端；

16—打印；17—菜单操作按钮；18—USB Host 接口

图 1-1-1 中各旋钮和功能按钮的具体功能及使用方法后面会详细介绍，此处不再赘述。

2. 后面板

SDS1000CML 系列数字存储示波器后面板如图 1-1-2 所示。

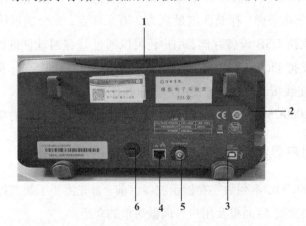

图 1-1-2　SDS1000CML 系列数字存储示波器后面板示意图

1—手柄；2—AC 电源输入端；3—USB DEVICE；4—RS-232 接口；5—Pass/Fail 输出口；6—锁孔

（1）手柄。垂直拉起该手柄，可方便提携示波器。不需要使用手柄时，向下轻按即可收回。

（2）AC 电源输入端。该示波器的供电要求为 100~240 V，45~440 Hz。应使用附件提供的电源线将该示波器连接到 AC 电源中。

（3）USB DEVICE。通过该接口可连接打印机打印示波器当前显示界面，或者连接 PC 端通过上位机软件对示波器进行控制。

（4）RS-232 接口。通过该接口可进行软件升级、程序控制操作及连接 PC 端测试软件。

（5）Pass/Fail 输出口。通过该端口输出 Pass/Fail 检测脉冲。

（6）锁孔。可以使用安全锁通过该锁孔将示波器锁在固定位置。

3. 用户界面

SDS1000CML 系列数字存储示波器界面显示区如图 1-1-3 所示。

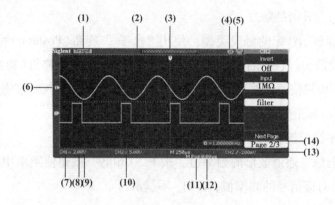

图 1-1-3　SDS1000CML 系列数字存储示波器界面显示区示意图

图 1-1-3 中编号功能说明如下。

（1）显示触发状态。触发状态包括以下 6 种。

① Armed：已配备。示波器正在采集预触发数据，在此状态下，忽略所有触发。

② Ready：准备就绪。示波器已采集所有预触发数据并准备接受触发。

③ Trig'd：已触发。示波器已发现一个触发并正在采集触发后的数据。

④ Stop：一是表示停止，即示波器已停止采集波形数据；二是表示采集完成，即示波器已完成一个单次序列采集。

⑤ Auto：自动。示波器处于自动模式并在无触发状态下采集波形。

⑥ Scan：扫描。在扫描模式下示波器连续采集并显示波形。

（2）显示当前波形窗口在内存中的位置。

（3）使用标记显示水平触发位置。

（4）显示打印设置菜单中"打印"按钮（Print）的当前状态。

（5）显示后面板的"USB"接口的当前设置。

（6）显示当前波形触发电平的位置所在。向左或向右旋转"触发电平"旋钮（Level），此标志会相应地向下或向上移动。

（7）信号耦合标志。示波器有直流、交流、接地 3 种耦合方式，且分别有相应的 3 种显示标志。图 1-1-3 中显示的是直流显示标志。

（8）表示屏幕垂直轴上每格所代表的电压大小。使用"Volt div"旋钮可修改该参数，可设置范围为 2 mV~10 V。

（9）若当前带宽为开启，则显示"B"标志；否则，无任何标志显示。当电压挡位为 2 mV/div 时，带宽限制自动开启。

（10）表示屏幕水平轴上每格所代表的时间长度。使用"Sec/div"旋钮可修改该参数，可设置范围为 2.5 ns~50 s。

（11）显示当前触发类型及触发条件设置。不同触发类型对应的标志不同，如"█"表示在边沿触发的上升沿处触发。

（12）采用图标显示选定的触发类型。使用"水平 "旋钮（Position）可修改该参数。向右旋转该旋钮使箭头（其初始位置为屏幕正中央）右移，触发位移值（初始值为 0）相应减小；向左旋转该旋钮使箭头左移，触发位移值相应增大。按下该旋钮使参数自动恢复为 0，且箭头回到屏幕正中央。

（13）触发电平线位置。用于显示当前触发电平的位置。

（14）显示当前触发通道波形的频率值。按下"Utility"按钮使菜单中的频率计设置为开启，才能显示对应信号的频率值；否则，不显示。

二、菜单和控制按钮的基本功能

SDS1000CML 系列数字存储示波器操作区域如图 1-1-4 所示。

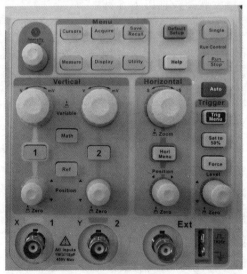

图 1-1-4 SDS1000CML 系列数字存储示波器
操作区域示意图

该操作区域分为设置、"万能"旋钮、垂直控制系统、水平控制系统、触发控制系统、功能菜单(Menu)、运行控制、单次触发控制、帮助信息及打印 10 个部分。菜单和控制按钮功能说明见表 1-1-1。

表 1-1-1　菜单和控制按钮功能说明

按钮	功能
Intencity/Adjust	"万能"旋钮,调节波形亮度或调整参数值
Cursor	显示"光标"菜单。当显示"光标"菜单且无光标激活时,"万能"旋钮可以调整光标的位置。离开"光标"菜单后,光标保持显示(除非"类型"选项设置为"关闭"),但不可调整
Measure	显示"自动测量"菜单
Acquire	显示"采样"菜单
Display	显示"显示"菜单
Save/Recall	显示设置和波形的"存储/调出"菜单
Utility	显示"辅助系统"功能菜单
CH1,CH2	显示通道 1、通道 2 设置菜单
Math	显示"数学计算"功能菜单
Ref	显示"参考波形"菜单
Hori Menu	显示"水平"菜单
Default Setup	调出厂家设置
Help	进入在线帮助系统
Single	采集单个波形,然后停止
Run/Stop	连续采集波形或停止采集。 注意:在停止状态下,对于波形垂直挡位和水平时基可以在一定范围内调整,即对信号进行水平或垂直方向上的扩展
Auto	自动设置示波器控制状态,以显示当前输入信号的最佳效果
Trig Menu	显示"触发"功能菜单
Set to 50%	设置触发电平为信号幅值的中点
Force	无论示波器是否检测到触发,都可以使用"Force"按钮完成对当前波形的采集。该功能主要应用于触发方式中的"正常""单次"

为了方便读者更加快速地熟悉和掌握 SDS1000CML 系列数字存储示波器的使用方法,下面将按照 10 个部分介绍每个按钮的功能。

1. 设置

设置包括 Auto(自动设置)和 Default Setup(默认设置)2 种。

(1)Auto。SDS1000CML 系列数字存储示波器具有自动设置功能。"Auto"按钮为自动设置的功能按钮。按下该按钮即开启波形自动显示功能,示波器将根据输入信号自动调整垂直挡位、水平时基及触发方式，使波形以最佳方式显示。

（2）Default Setup。示波器在出厂前被设置为用于常规操作，即默认设置。"Default Setup"按钮为默认设置的功能按钮，按下"Default Setup"按钮即可调出厂家多数的选项和控制设置，有的设置不会改变。

2."万能"旋钮

SDS1000CML系列有一个特殊的旋钮——"万能"旋钮（Intencity/Adjust）。

非菜单操作时，旋转该旋钮可调节波形的显示亮度，可调范围为30%~100%。顺时针转动该旋钮，增大波形亮度；逆时针转动该旋钮，减小波形亮度。也可以先按"Display"按钮，选择"波形亮度"菜单，再使用该旋钮调节波形亮度。

菜单操作时，按下某个菜单选项后，若该旋钮上方指示灯被点亮，则转动该旋钮可选择该菜单下的子菜单，再按下该旋钮即可选中当前选择的子菜单，且指示灯熄灭。另外，该旋钮还可以用于修改参数值、输入文件名等。

3. 垂直控制系统

垂直控制系统用于控制垂直方向的波形显示、调整垂直刻度和位置。每个通道都有单独的垂直菜单，每个通道都能单独进行设置。

（1）"CH1""CH2"为模拟输入通道。这2个通道的标签用不同颜色标识，且屏幕中波形的颜色和输入通道连接器的颜色相对应。分别按下这2个通道按钮可打开相应通道及其菜单，连续按下2次通道按钮可关闭该通道。

（2）通道耦合设置。以"CH1"通道为例，被测信号是一个含有直流偏置的正弦信号。

① 按"CH1"按钮选择"耦合"为"交流"，即设置耦合方式为交流，被测信号的直流分量被阻隔。

② 按"CH1"按钮选择"耦合"为"直流"，即设置耦合方式为直流，被测信号含有的直流分量和交流分量都可以通过。

③ 按"CH1"按钮选择"耦合"为"接地"，即设置耦合方式为接地，被测信号含有的直流分量和交流分量都被阻隔，示波器跟测试地相连，显示零电平信号。

（3）通道带宽限制设置。以"CH1"通道为例，被测信号是一个含有高频振荡的脉冲信号。

① 按"CH1"按钮选择"带宽限制"为"开启"，即设置带宽限制为开启状态，被测信号含有的大于20 MHz的高频分量幅值被限制。

② 按"CH1"按钮选择"带宽限制"为"关闭"，即设置带宽限制为关闭状态，被测信号含有的高频分量幅值未被限制。

（4）挡位调节设置。垂直挡位调节方式分为粗调和细调2种模式，垂直灵敏度的范围是2 mV/div~10 V/div。下面以"CH1"通道为例进行讲解。

① 按"CH1"按钮选择"Volt/div"为"粗调"。粗调是以"1—2—5"步进序列调整

垂直挡位的，即 2 mV/div，5 mV/div，…，10 V/div，用于确定垂直挡位的灵敏度。

② 按"CH1"按钮选择"Volt/div"为"细调"。细调是在当前垂直挡位内进一步调整。如果输入的波形幅值在当前挡位略大于满刻度，而应用下一挡位波形显示幅值稍低，可以应用"细调"改善波形显示幅值，以利于观察信号细节。

（5）波形反相设置。下面以"CH1"通道为例进行讲解。按"CH1"按钮选择"反相"为"开启"，即显示的信号相对于地电位翻转 180°。

（6）数字滤波设置。下面以"CH1"通道为例进行讲解。

① 按"CH1"按钮，再按"下一页"选择"数字滤波"，系统显示"FILTER 数字滤波"功能菜单。选择"滤波类型"，再选择"频率上限"或"频率下限"，旋转"万能"旋钮设置频率上限和下限，选择或滤除设定频率范围。

② 按"CH1"按钮选择"下一页"，再按"数字滤波"选择"关闭"，即可关闭数字滤波功能。

③ 按"CH1"按钮选择"下一页"，再按"数字滤波"选择"开启"，即可打开数字滤波功能。

（7）Math。按下该按钮打开"数学计算"菜单，可以进行加、减、乘、除、FFT 运算。

（8）Ref。按下该按钮打开"参考波形"菜单，可以将实测波形与参考波形进行比较，以判断电路故障。

（9）Position。按下该按钮修改对应通道波形的垂直位移，调节波形上下移动，同时屏幕左下角弹出的位移信息相应变化。按下该按钮可快速复位垂直位移。

（10）Volt/div。按下该按钮修改当前通道的垂直挡位，以调节波形幅值，同时屏幕左下角的挡位信息会相应变化。按下该按钮可快速切换垂直挡位为粗调或细调。

4. 水平控制系统

水平控制系统包括"Hori Menu""Position""Sec/div"3 个按钮。

（1）Hori Menu。按下该按钮打开水平控制菜单，在此菜单下可开启或关闭延迟扫描功能，切换存储深度为长存储或普通存储。

（2）Position。按下该按钮修改触发位移，旋转"万能"旋钮时，触发所有通道的波形同时左右移动，屏幕左下角的触发位移信息会相应变化。按下该按钮可快速复位波形的触发位移。

（3）Sec/div。按下该按钮修改水平时基挡位，调整所有通道的波形扩展或压缩，同时屏幕下方的时基信息相应变化。按下该按钮可将波形快速切换至延迟扫描状态。

5. 触发控制系统

触发控制系统包括"Trig Menu""Set to 50%""Force""Level"4 个按钮。

（1）Trig Menu。按下该按钮打开"触发"功能菜单，示波器提供边沿、脉冲、视频、斜率和交替 5 种触发类型。

（2）Set to 50%。按下该按钮可以快速稳定波形，可以自动将触发电平的位置设置为对应波形最大和最小电压值间距的一半左右。

（3）Force。在"Normal""Single"触发方式下，按下该按钮可使通道波形强制触发。

（4）Level。修改触发电平。顺时针转动该旋钮，增大触发电平；逆时针转动该旋钮，减小触发电平。修改过程中，触发电平线上下移动，同时屏幕左下角的触发电平值相应变化。按下该旋钮可快速将触发电平恢复至对应通道波形零点。

6. 功能菜单（Menu）

功能菜单包括"Cursor""Acquire""Save Recall""Measure""Display""Utility"6个按钮。

（1）Cursor。按下该按钮进入"光标"菜单，示波器提供手动测量、追踪测量和自动测量3种光标测量模式。

（2）Acquire。按下该按钮进入"采样"菜单，可以设置示波器的获取方式、内插方式和采样方式。

（3）Save Recall。按下该按钮进入文件"存储/调出"菜单，可以存储/调出的文件类型包括设置存储、波形存储、图像存储和CSV存储，还可以调出示波器出厂设置。

（4）Measure。按下该按钮进入"自动测量"菜单，包含的测试类别有电压测量、时间测量和延迟测量。每种测量菜单包含多种子测试，按下相应的子测试菜单即可显示当前测量值。

（5）Display。按下该按钮进入"显示"菜单。可设置波形显示类型、余辉时间、波形亮度、网格亮度、显示格式（XY/YT）、屏幕正反向、网格、菜单持续时间和界面方案。

（6）Utility。按下该按钮进入"辅助系统"功能菜单，设置系统相关功能和参数，如扬声器、语言、接口等。SDS1000CML系列数字存储示波器配备12种语言的用户界面，由用户自行选择。欲选择显示语言，先按"Utility"按钮选择"Language"，再按照相应的菜单操作按钮，切换显示语言。

此外，该按钮还支持一些高级功能，如自动校正、升级固件和通过测试等。

7. 运行控制

运行控制是指"Run/Stop"按钮。按下该按钮将示波器的运行状态设置为运行或停止。运行状态下，该按钮呈黄色；停止状态下，该按钮呈红色。

8. 单次触发控制

单次触发控制是指"Single"按钮。按下该按钮将示波器的触发方式设置为单次。单次触发设置检测到一次触发时采集一个波形，然后停止。

9. 帮助信息

帮助信息是指"Help"。按下该按钮开启帮助信息功能。在此基础上，依次按下各功能菜单按钮，即可显示相应菜单的帮助信息。若要显示各功能菜单下子菜单的帮助信息，则需先打开当前菜单界面，再按下"Help"按钮，选中相应的子菜单按钮。再次按下该按钮可关闭帮助信息功能。

10. 打印

打印是指"Print"按钮。按下该按钮将执行打印功能。若示波器已连接打印机，并且打印机处于闲置状态，则按下该按钮将执行打印功能。

三、示波器的基本操作

为了验证示波器是否能够正常工作，应执行一次快速功能检查。示波器自检的操作步骤如下。

第1步，打开示波器电源，示波器执行所有自检项目，并确认通过自检。按下"Default Setup"按钮，"探头"选项默认的衰减设置为"1×"。

第2步，将示波器探头上的开关设定到"1×"，并将探头与示波器的"CH1"通道连接。将探头连接器上的插槽对准"CH1"同轴电缆插接件（BNC）上的凸键，按下去即可连接，然后向右旋转以拧紧探头。将探头端部和基准导线连接到探头元件连接器上。

第3步，按下"Auto"按钮。几秒内，屏幕会显示频率为1 kHz、电压约为3 V峰值的方波，如图1-1-5所示。

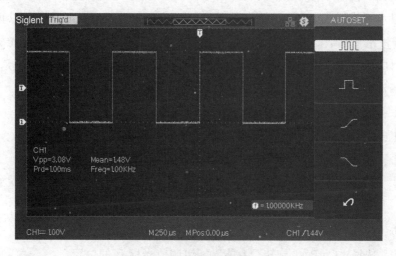

图1-1-5　示波器自检方波输出

其中，"自动设置"功能菜单显示的各波形的含义如下。

① ЛЛЛ（多周期）：设置屏幕自动显示多个周期信号。

② ⌐（单周期）：设置屏幕自动显示单个周期信号。

③ ⟋（上升沿）：自动设置并显示上升时间。

④ ⟍（下降沿）：自动设置并显示下降时间。

⑤ ↲（撤销）：调出示波器以前的设置。

第4步，连按两次"CH1"按钮关闭"CH1"通道，按下"CH2"按钮打开"CH2"通道，然后重复第2步和第3步。

四、测量显示波形

示波器将显示电压相对于时间的图形，并帮助用户测量显示波形。示波器提供 3 种测量方法，即刻度测量、光标测量和自动测量。

1. 刻度测量

使用刻度测量方法能快速、直观地做出估计，可通过计算相关的主次刻度分度并乘以比例系数来进行简单的测量。例如，若计算出波形的最大处和最小处之间有 5 个主垂直刻度分度，并且已知比例系数为 100 mV/div，则可以按照下列方法来计算峰值电压，即 5 div×100 mV/div＝500 mV。

2. 光标测量

菜单中的"Cursor"按钮为光标测量的功能按钮。光标测量有手动、追踪、自动 3 种模式。

（1）手动光标测量。即水平或垂直光标成对出现，用来测量电压或时间，可手动调整光标的位置。在使用光标前，需先将信号源设定为所要测量的波形。① 电压光标：在显示屏上以水平线形式出现，可测量垂直参数。② 时间光标：在显示屏上以垂直线形式出现，可测量水平参数。③ 光标移动：使用"万能"旋钮来移动光标 A 或光标 B。只有选中光标对应的选项，才能移动光标，且移动时光标值会出现在屏幕的左上角或左下角。手动光标测量的具体操作步骤如下。

第 1 步，按"Cursor"按钮进入"光标"菜单。

第 2 步，按"光标模式"选项按钮选择"手动"。

第 3 步，按"类型"选项按钮选择"电压"或"时间"。

第 4 步，根据信号输入通道，按"信源"选项按钮选择相应的 CH1/CH2，Math，Refa/Refb。

第 5 步，选择"CurA"，旋转"万能"旋钮调节光标 A 的位置。

第 6 步，选择"CurB"，旋转"万能"旋钮调节光标 B 的位置。

第 7 步，其测量值显示在屏幕的左上角。若测量类型为"电压"，则显示屏的左上角将显示如图 1-1-6 所示的测量结果。该测量值自上向下分别为：ΔU 为光标 A 和光标 B 之间的电压增量（信号的峰值）；CurB 为光标 B 处的电压；CurA 为光标 A 处的电压。

若测量类型为"时间"，则显示屏的左上角将显示如图 1-1-7 所示的测量结果。该测量值中，CurA 为光标 A 的时间值；CurB 为光标 B 的时间值；ΔT 为光标 A 和光标 B 之间的时间增量；1/ΔT 为光标 A 和光标 B 之间时间增量的倒数，若光标 A 和光标 B 之间是一个信号周期，则 1/ΔT 为频率增量（测量所得的信号频率）。

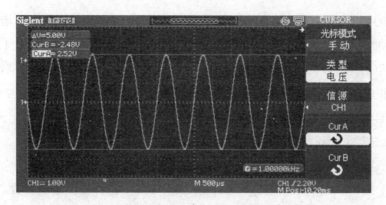

图 1-1-6　测量电压幅值

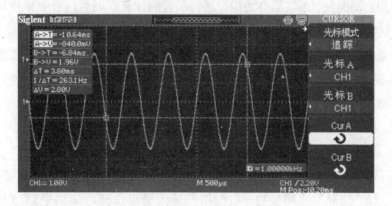

图 1-1-7　测量信号频率

(2)追踪光标测量。水平光标与垂直光标交叉构成十字光标。十字光标自动定位在波形上,通过"万能"旋钮来调节十字光标在波形上的水平位置。光标点的坐标显示在示波器的屏幕上,水平坐标以时间值显示,垂直坐标以电压值显示。追踪光标测量的具体操作步骤如下。

第 1 步,按"Cursor"按钮进入"光标"菜单。

第 2 步,按"光标模式"选项按钮选择"追踪"。

第 3 步,按"光标 A"选项按钮,选择追踪信号的输入通道(CH1/CH2 通道)。

第 4 步,按"光标 B"选项按钮,选择追踪信号的输入通道(CH1/CH2 通道)。

第 5 步,选择"CurA",旋转"万能"旋钮水平移动光标 A。

第 6 步,选择"CurB",旋转"万能"旋钮水平移动光标 B。

第 7 步,其测量值显示在屏幕的左上角。该测量值中,A→T 为光标 A 在水平方向上的位置(即时间,以水平中心位置为基准);A→V 为光标 A 在垂直方向上的位置(即电压,以通道接地点为基准);B→T 为光标 B 在水平方向上的位置(即时间,以水平中心位置为基准);B→V 为光标 B 在垂直方向上的位置(即电压,以通道接地点为基准);ΔT 为光标 A 和光标 B 的水平间距(即两光标间的时间增量);1/ΔT 为光标 A 和光标 B

的水平间距的倒数；ΔV 为光标 A 和光标 B 的垂直间距（即两光标间的电压增量）。

（3）自动光标测量。按菜单中的"Cursor"按钮进入"光标"菜单中的自动方式，系统会显示对应的光标以揭示测量的物理意义。系统会根据信号的变化，自动调整光标位置，并计算相应的参数值。若在"自动测量"菜单下未选择任何自动测量参数，将没有光标显示。自动光标测量的具体操作步骤如下。

第 1 步，按"Cursor"按钮进入"光标"菜单。

第 2 步，按"光标模式"选项按钮选择"自动"。

第 3 步，按"Measure"按钮进入"自动测量"菜单，选择要测量的参数。

3. 自动测量

如果采用自动测量，示波器会为用户进行所有的计算。因为这种测量使用波形记录点，所以比刻度测量或光标测量更精确。

自动测量数据有电压、时间、延迟 3 类，每一类下有若干种参数，示波器可以提供32 种测量数据，一次最多可以显示 5 种参数。

若自动测量电压参数，具体操作步骤如下。

第 1 步，按"Measure"按钮进入"自动测量"菜单。

第 2 步，按顶端第一个选项按钮，进入"自动测量"菜单的第二页。

第 3 步，选择测量分类类型，按"电压"对应的选项按钮进入"电压测量"菜单。

第 4 步，按"信源"选项按钮，根据信号输入通道选择对应的通道（CH1/CH2 通道）。

第 5 步，按"类型"选项按钮或旋转"万能"旋钮选择要测量的电压参数类型。相应的图标和参数值会显示在第三个选项按钮对应的菜单处。

第 6 步，按"返回"选项按钮会返回到"自动测量"菜单的首页，所选的参数和相应的值会显示在该首页的第一个选项位置。

其他所选参数和数值可以按照上述方法显示在相应位置。

第二节　数字万用表

一、数字万用表介绍

UT890D 是一款性能稳定、可靠性高的手持式数字万用表，其整机电路设计以大规模集成电路 ADC 转换器为核心并配以全功能过载保护。该数字万用表可用于测量直流和交流电压、电流、电阻、电容、频率、二极管、三极管及电路通断。其外观如图 1-2-1所示。

图 1-2-1 数字万用表外观示意图

1—LCD 显示屏；2—复合按键"HOLD/☼"；3—复合按键"△MAX/MIN"；

4—量程开关；5—晶体管测试孔；6—输入插孔

二、数字用法符号说明

数字万用表显示器上符号说明见表 1-2-1。

表 1-2-1 数字万用表显示器上符号说明

符号	含义	符号	含义	符号	含义	符号	含义
🔋	电池电量不足	☽	自动关机	▣	双重绝缘	⎓	直流
•)))	蜂鸣器	⏚	接地	▲	相对测量	⤨	二极管
⊟	保险丝	∼	交流	⚠	警告		

三、数字万用表使用方法

1. 操作前注意事项

（1）开机后，检查内置 9 V 电池，如果电池电压不足，其显示器上将显示"🔋"提示符，这时需更换电池，以确保测量精度。

（2）测试笔插孔旁边的"△"符号，表示输入电压或电流不应超过额定值，这是为了保护内部线路，使其免受损伤。

（3）测试之前，量程开关应置于所需要的量程。

2. 测量操作说明

（1）直流电压测量。

① 将红色表笔插入"V"插孔、黑色表笔插入"COM"插孔。

② 将量程开关置于"V⎓"挡位，并将测试表笔并联到待测电源或负载上，仪表显示极性为红色表笔所接的端子。

注意：

① 如果使用数字万用表前不知道被测电压范围，应将量程开关置于最大量程并逐渐下调；

② 如果仪表显示"OL"，表示过量程，此时量程开关应置于更高量程；

③ "V"插孔的"⚠"表示不要输入高于 1000 V 的电压，显示更高的电压值是可能的，但有损坏内部线路的危险；

④ 仪表的输入阻抗约为 10 MΩ 时，这种负载在高阻抗的电路中会引起测量上的误差，大部分情况下，如果电路阻抗在 10 kΩ 以下，误差(0.1%或更低)可以忽略。

⑤ 当测量高电压时，要格外注意，避免触电。

（2）交流电压测量。

① 将黑色表笔插入"COM"插孔、红色表笔插入"V"插孔。

② 将量程开关置于"V~"挡位，并将测试表笔并联到待测电源或负载上。

注意：

① 参考"（1）直流电压测量。"中注意部分的①②④⑤；

② "V"插孔的"⚠"表示不要输入高于 750 V 有效值的电压，显示更高的电压值是可能的，但有损坏内部线路的危险。

（3）直流电流测量。

① 将黑色表笔插入"COM"插孔，当测量不大于 600 mA 的电流时，红色表笔插入"mA/μA"插孔；当测量大于 600 mA 的电流时，红色表笔插入"20 A"插孔。

② 将量程开关置于"A⎓"挡位，并将测试表笔串联到待测负载回路里，仪表显示极性为红色表笔所接的端子。

注意：

① 如果使用数字万用表前不知道被测电流范围，应将量程开关置于最大量程并逐渐下调。

② 如果仪表显示"OL"，表示过量程，此时量程开关应置于更高量程。

③ "mA/μA"输入插孔的"⚠"表示不要输入高于 600 mA 的电流，超过会烧断 F1 保险管。"20 A"输入插孔的"⚠"表示不要输入高于 20 A 的电流，超过会烧断 F2 保险管。

（4）交流电流测量。

① 将黑色表笔插入"COM"插孔，当测量不大于 600 mA 的电流时，红色表笔插入"mA/μA"插孔；当测量大于 600 mA 的电流时，红色表笔插入"20 A"插孔。

② 将量程开关置于"A~"挡位，并将测试表笔串联到待测负载回路里。

注意：

① 如果使用数字万用表前不知道被测电压范围，应将量程开关置于最大量程并逐渐下调；

② 如果仪表显示"OL",表示过量程,此时量程开关应置于更高量程;

③ "V"插孔的"⚠"表示不要输入高于 1000 V 的电压,显示更高的电压值是可能的,但有损坏内部线路的危险。

(5)电阻测量。

① 将黑色表笔插入"COM"插孔、红色表笔表插入"Ω"插孔。

② 将量程开关置于"Ω"挡位,并将测试表笔并联到待测电阻上。

注意:

① 为了确保测量精度,用 600 Ω 量程,被测值为测量显示值与表笔短路值之差。

② 如果被测电阻值超出所选择量程的额定值,仪表显示"OL",此时应选择更高的量程。对于高于 1 MΩ 或更高的电阻,要几秒后读数才能稳定,这对于测量高电阻值读数属于正常现象。

③ 用红色表笔可以自检内置电流量程的 F1 或 F2 保险管是否被烧断:检测"mA"插孔约为 1 MΩ,"A"插孔约为 0 Ω,即保险管完好;如仪表显示"OL",则保险管已被烧断。

④ 当无输入时,如开路情况,仪表显示为"OL"。

⑤ 当检查内部线路阻抗时,被测线路必须断开所有电源,电容电荷放尽。

(6)电容测试。

当无输入时,仪表可能会显示有读数,此读数为表笔等的分布电容值。对于不大于 1 μF 电容的测量,被测量值一定要减去此值,才能确保测量精度。为此,可利用仪表相对测量功能以自动减去此值,方便测量读数。

注意:

① 如果被测电容短路或电容值超过仪表的最大量程,将显示"OL";

② 对于大容量电容的测量,会需要数秒的测量时间,该情况均属正常;

③ 测试前,必须先将电容的残余电荷全部放尽后再进行测量,这对带有高压的电容尤为重要,可以避免损坏仪表和伤害人身安全。

(7)频率测量。

① 将红色表笔插入"Hz"插孔、黑色表笔插入"COM"插孔。

② 将量程开关置于"Hz"挡位,并将测试表笔并联到频率源上,可直接从显示器上读取频率值。

注意:输入幅度必须满足技术指标规定要求。

(8)二极管测试。

将黑色表笔插入"COM"插孔、红色表笔插入"V"插孔(红色表笔极性为"+"),将量程开关置于"▷⊢"挡位,并将表笔连接到待测二极管,读数为二极管正向压降值。如果被测二极管开路或极性反接时,会显示"OL"。对硅 PN 结而言,一般 500~800 mV 为正常值。

注意：

① 当测量在线二极管时，在测量前必须先将被测电路内所有电源关断，再将所有电容器的残余电荷放尽；

② 二极管测试电压范围为 0~3 V。

（9）蜂鸣器通断测试。

将黑色表笔插入"COM"插孔、红色表笔插入"V"插孔，量程开关置于"·))"挡位，并将表笔连接到待测电路。若被测两端的电阻大于 100 Ω，则认为电路断路，蜂鸣器无声；若被测两端的电阻不大于 10 Ω，则认为电路导通良好，蜂鸣器连续发出声响。

注意：当检查线路通断时，在测量前必须先将被测电路内所有电源关断，再将所有电容器的残余电荷放尽。

（10）晶体 hFE 测试。

① 将量程开关置于"hFE"挡位。

② 确定晶体管是 NPN 型还是 PNP 型，将基极、发射极和集电极分别插入面板上相应的插孔。

③ 显示器上将显示 hFE 的近似值，测试条件为：基电流约为 10 μA，$V_{ce} \approx 1.2$ V。

（11）按键功能。

① MAX/MIN：按下此键自动进入"MAX/MIN"数据记录模式，自动关机功能被取消，并显示最大值 MAX，再按下此键显示最小值 MIN，再按下此键则显示最大值与最小值之差（MAX-MIN），依次循环。若常按此键长于 2 s 或转盘切换，则退出数据记录模式。

② HOLD/☼：除通断蜂鸣、二极管、三极管和频率挡外，按下此键，显示值被锁定保持，显示器显示"H"提示符；再按下此键，锁定被解除，进入测量模式。常按此键长于 2 s，则背光被打开，约开启 15 s 后背光会自动关闭；若背光开启后再按此键长于 2 s，则关闭背光。

（12）其他功能。

① 自动关机。在测量过程中，旋钮开关约在 15 min 内无拨动时，仪表会自动关机以节能。在"自动关机"状态下按任何按键，仪表都会自动唤醒或者将旋钮开关旋至"OFF"后再重新开机。在关机状态下按住"HOLD/☼"键后再上电开机。蜂鸣连续发出 3 声提示后"自动关机"功能被取消。关机后重新开机则恢复"自动关机"功能。

② 蜂鸣器。按任何按键或转动量程开关时，如果该功能键有效，那么蜂鸣器会发出 1 声警示（约持续 0.25 s）。

在测量电压或电流时，交直流电压高于 600 V、交直流电流大于 10 A 时，蜂鸣器会发出警报声，以警示超量程。

自动关机前约 1 min，蜂鸣器会连续发出 5 声警示，关机前蜂鸣器会发出 1 长声警示。当"自动关机"功能取消时，每 15 min 蜂鸣器会连续发出 5 声警示。

第三节　数字电子技术实验箱

数字电子技术实验箱适用于数字电子技术实验、数字系统设计及集成电路应用研究等实验项目。

数字电子技术实验箱通常带有可调脉冲输出、单脉冲、逻辑开关、LED 二极管显示器、IC 插座、可调电阻等基本配置，另有直流电源、常用 BCD 译码器显示等。

数字电子技术实验箱面板如图 1-3-1 所示，下面对该面板上各部分配置做简单介绍。

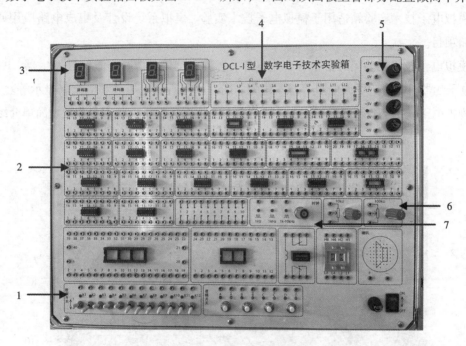

图 1-3-1　数字电子技术实验箱面板示意图

1—数据开关；2—IC 插座群；3—数码显示器；4—LED 二极管显示器；

5—直流电源；6—可调电阻；7—时钟脉冲

（1）直流电源：数字电子技术实验箱提供了 4 种不同大小的直流电源（±12 V 和 ±5 V）及地。开发板通电后，电源即可工作。

（2）时钟脉冲：数字电子技术实验箱提供了 2 种固定频率（分别为 1 Hz 和 1 kHz）的脉冲源及可调脉冲源。可调脉冲源，输出频率为 1~10 kHz 的方波信号，可以通过"电位器"旋钮调节输出脉冲频率。

（3）IC 插座群：将芯片插入插座后，直接使用插座的输入插孔进行接线实验。

（4）数码显示器：数字电子技术实验箱提供了 2 个带有 BCD 译码驱动电路的共阴极数码管，只需接入"DCBA"四位二进制代码，即可显示出相应的十进制数，其中 D 为高位、A 为低位。

（5）LED 二极管显示器（电平指示）：由 12 个 LED 发光二极管构成。当输入为高电平时，LED 灯亮；当输入为低电平时，LED 灯灭。

（6）数据开关：由 12 个开关组成。K1～K12 向上拨，输出为高电平，对应开关上方指示灯亮；K1～K12 向下拨，输出为低电平，对应开关上方指示灯灭。

第四节　模拟电子技术实验箱

模拟电子技术实验箱适用于模拟电子技术实验、模拟系统设计及集成电路应用研究等实验项目。

模拟电子技术实验箱通常带有直流电源、直流可调信号源、交流信号发生器、IC 插座、电子元器件插孔、可调电阻等基本配置，同时满足直流电压表和电流表显示等。

模拟电子技术实验箱面板如图 1-4-1 所示，下面对该面板上各部分配置做简单介绍。

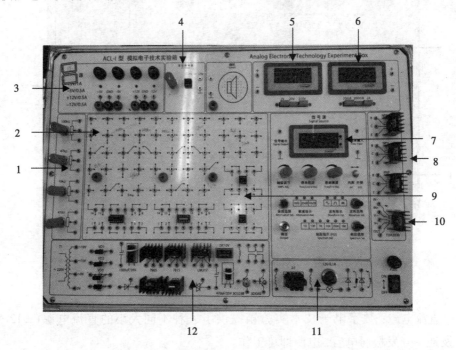

图 1-4-1　模拟电子技术实验箱面板示意图

1—可调电阻；2—分立元件插孔；3—直流电源；4—直流可调信号源；5—直流电压表；6—直流电流表；

7—函数信号发生器；8—大功率三极管；9—IC 插座；10—音频功率放大电路；11—分立元件；

12—半波、全波、整流、滤波电路

（1）直流电源：模拟电子技术实验箱提供了 4 种不同大小的直流电源（±12 V 和 ±5 V）及地。开发板通电后，电源即可工作。

（2）信号源。

① 直流可调信号源：-5~5 V 连续可调。

② 函数信号发生器：输出波形为正弦波、方波、三角波；频率范围为 0.01 Hz ~ 2 MHz，频率可利用粗调和细调调钮进行调节；分辨率为 0.01 Hz（10 mHz）；幅值为不小于 10 倍峰值，可利用幅值可调钮调节幅值大小。

（3）IC 插座：分为 8 芯、14 芯集成运算放大器 IC 插座，将芯片插入插座后，直接使用插座的输入插孔进行接线实验。

（4）分立元件插孔：电阻、电容、二极管等分立元器件插入插孔后，进行连线实验。

（5）直流电压表：模拟电子技术实验箱可以提供 2~200 V 电压测量。

（6）直流电流表：模拟电子技术实验箱可以提供 20 mA~2 A 电流测量。

（7）实验电路单元：2 组运算放大器电路；半波、全波、整流、滤波电路和并联稳压电路；音频功率放大电路。

（8）分立元件区：大功率三极管、变压器、二极管、稳压管、指示灯、1 个阻抗为 8 Ω 的扬声器。

第二章　NI Multisim 12 使用指南

第一节　NI Multisim 12 简介

电子设计自动化（electronic design automation，EDA）是现代电子工程领域的一门新技术，提供了基于计算机和信息技术的电路系统设计方法。

传统的电子电路与系统设计方法，需要在硬件上进行研发，周期长、成本高、效率低，难以满足电子技术的发展要求。同时，随着计算机技术的快速发展，电路的分析与设计方法也逐步转移到计算机上完成。随着各类优秀的电子电路设计与仿真软件的出现，电子电路与系统的设计从定量估算和电路硬件实验的手工设计方法逐渐发展为基于计算机软件的电子设计自动化方法。因此，掌握电子设计自动化方法是当今电子电路分析与设计人员必备的技能。

电子设计自动化技术是以计算机等为工作平台、以硬件描述语言为设计语言、以大规模可编程逻辑器件为硬件载体，进行必要硬件元件建模和系统仿真的电子元件和系统的自动化设计。利用电子设计自动化工具，电子系统的设计过程，从概念、算法的确立到电路设计及仿真、性能分析再到元件装配等资料，全部在计算机上完成。

NI Multisim 系列软件是采用软件方法虚拟电子元件与仪器仪表，实现从原理图设计输入到电路仿真再到性能测试的仿真软件。该软件具有丰富的元器件库、功能齐全的仪器仪表，可以实现各类电子电路系统的仿真分析与设计。同时，该软件具有界面友好、功能强大等优点，允许用户自行添加元件。

Multisim 软件源于加拿大图像交互技术公司（Interactive Image Technologies，IIT）推出的以 Windows 系统为基础的仿真分析工具（electronics work bench，EWB）。被美国国家仪器（national instruments，NI）有限公司收购后，Multisim 软件经历了多个版本的升级，包括 Multisim 2001，Multisim 7，Multisim 8，Multisim 9，Multisim 10，Multisim 11，Multisim 12 等。

NI Multisim 12 软件易学易用，其界面直观简洁、元器件库丰富、分析功能完备、仿真能力突出，便于电子信息、电气工程等电类专业的学生学习与使用。熟悉掌握 NI Multisim 12 软件的使用方法，有利于相关专业学生或电子电路设计人员进行电子电路的创新设计、综合分析、研究开发等。

第二节　NI Multisim 12 基本操作界面

一、用户界面

NI Multisim 12 用户界面如图 2-2-1 所示，主要由标题栏、菜单栏、工具栏、元器件库、设计管理窗口、电子表格查看窗口、仪器仪表库、电路工作区、状态栏及仿真开关等组成。

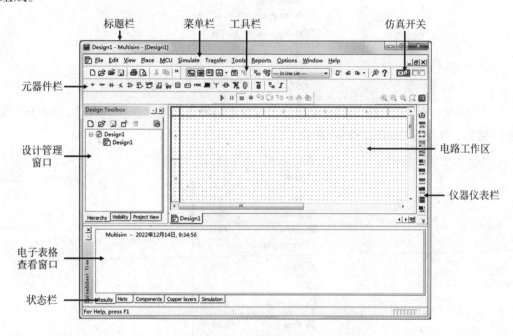

图 2-2-1　NI Multisim 12 用户界面

二、菜单栏

NI Multisim 12 菜单栏包含 12 个菜单项，即 File, Edit, View, Place, MCU, Simulate, Transfer, Tools, Reports, Options, Window, Help，如图 2-2-2 所示。

File　Edit　View　Place　MCU　Simulate　Transfer　Tools　Reports　Options　Window　Help

图 2-2-2　NI Multisim 12 菜单栏

（1）File（文件菜单）：提供操作电路文件的功能，如新建、打开、关闭、保存、打印等，如图 2-2-3 所示。

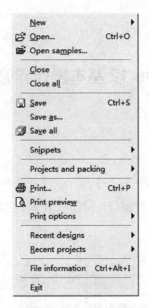

图 2-2-3　File 菜单

（2）Edit（编辑菜单）：提供在电路绘制过程中编辑电路或元件等的功能，如剪切、复制、粘贴、查找等，如图 2-2-4 所示。

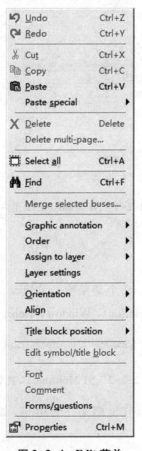

图 2-2-4　Edit 菜单

（3）View（视图菜单）：提供操作界面视图的功能，如全屏、缩放、网格显示等，如图 2-2-5 所示。

图 2-2-5 View 菜单

（4）Place（放置菜单）：提供在电路工作区放置元件的功能，如放置导线、连接线路等，如图 2-2-6 所示。

图 2-2-6 Place 菜单

（5）MCU（微控制器菜单）：提供带有微控制器的仿真功能，如图 2-2-7 所示。

（6）Simulate（仿真菜单）：提供电路仿真设置与操作，包括运行、分析等，如图 2-2-8 所示。

图 2-2-7　MCU 菜单

图 2-2-8　Simulate 菜单

（7）Transfer（文件传送菜单）：提供 NI Multisim 12 中仿真电路数据与 Ultiboard 12 数据的相互传送功能，包括传到 Ultiboard 等，如图 2-2-9 所示。

图 2-2-9　Transfer 菜单

（8）Tools（工具菜单）：提供元件和元器件库的编辑与管理功能，包括元件向导、电路向导等，如图 2-2-10 所示。

（9）Reports（报告菜单）：提供当前电路窗口中元件的参数报告和元件在数据库中的信息，包括元件详细报告等功能，如图 2-2-11 所示。

图 2-2-10　Tools 菜单

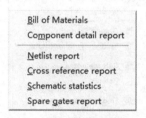

图 2-2-11　Reports 菜单

（10）Options（选项菜单）：提供电路功能、模式等参数设置等操作，包括全局参数选择、定制界面等功能，如图 2-2-12 所示。

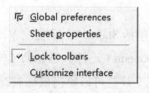

图 2-2-12　Options 菜单

（11）Window（窗口菜单）：提供电路工作区窗口操作，包括新建窗口、关闭等功能，如图 2-2-13 所示。

（12）Help（帮助菜单）：提供在线支持与使用指导，包括帮助、查找案例等功能，如图 2-2-14 所示。

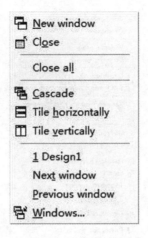

图 2-2-13　Window 菜单

图 2-2-14　Help 菜单

三、工具栏

NI Multisim 12 工具栏主要包括 Standard（标准）、View（视图）、Main（系统）、Graph-ic Annotation（图形注释）、Components（元件）、Virtual（虚拟元件）、Simulation（仿真）和 Instruments（虚拟仪器）等，其他工具栏可以单击鼠标右键自行添加，如图 2-2-15 所示。

（a）

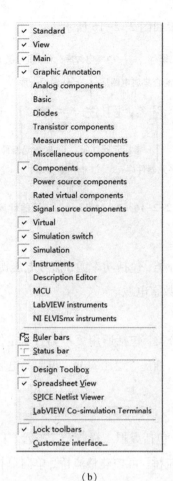

（b）

图 2-2-15　NI Multisim 12 工具栏

（1）Standard 栏提供了文件的操作和编辑功能。

（2）View 栏提供了与视图相关的操作工具，可用于调整所编辑电路的视图大小。

（3）Main 栏是 NI Multisim 12 的核心工具栏，提供了电路从设计到分析的全部工作。

（4）Graphic Annotation 栏提供了绘制电路原理图中一些不具有电气意义的图形功能，包括画直线、折线、弧线、矩形、椭圆及输入文字等。

（5）Components 栏提供了各类元器件，方便用户使用对应元器件。

（6）Virtual 栏提供了 7 个按钮，分别对应 7 类虚拟元器件。

（7）Simulation 栏提供了仿真功能，控制电路仿真的开始、结束和暂停。

（8）Instruments 栏提供了所有虚拟仪器仪表，方便用户对电路进行观测与分析。

四、元器件库

NI Multisim 12 元器件库将不同类型的元器件分为 18 类。元器件又分为虚拟元器件和非虚拟元器件。其中，虚拟元器件的参数可以任意设置，非虚拟元器件的参数为固定设置。NI Multisim 12 元器件库如图 2-2-16 所示。

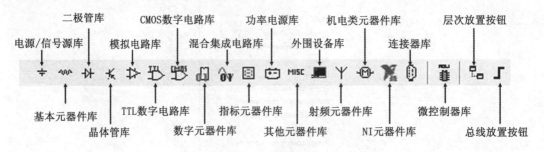

图 2-2-16　NI Multisim 12 元器件库

1. 电源/信号源库

电源/信号源库共有 7 个分类，包括功率源、信号电压源、信号电流源、控制电压源、控制电流源、控制函数模块和数字电源。

2. 基本元器件库

基本元器件库共有 16 个分类，包括通用虚拟器件、定值虚拟器件、排阻、开关、变压器、非线性变压器、继电器、插座、绘图符号、电阻、电容、电感、电解电容、可调电容、可调电感及电位器。

3. 二极管库

二极管库共有 14 个分类，包括虚拟二极管、二极管、稳压管、开关二极管、发光二极管、保护二极管、二极管整流桥、可控硅整流桥、单向可控硅、双向二极管、双向可控硅、变容二极管、晶闸管及 PIN 二极管。

4. 晶体管库

晶体管库共有 21 个分类，包括虚拟晶体管、NPN 型晶体管、PNP 型晶体管、互补晶体管、NPN 型复合管、PNP 型复合管、带阻 NPN 型晶体管、带阻 PNP 型晶体管、带阻互补型晶体管、绝缘栅双极型晶体管、耗尽型 MOS 场效应管、增强型 N 沟道 MOS 场效应管、增强型 P 沟道 MOS 场效应管、互补增强型 MOS 场效应管、N 沟道结型场效应管、P 沟道结型场效应管、N 沟道功率场效应晶体管、P 沟道功率场效应晶体管、互补型功率场效应晶体管、单结晶体管及热分析模型。

5. 模拟电路库

模拟电路库共有 10 个分类，包括模拟虚拟器件、运算放大器、诺顿运算放大器、比较器、微分放大器、宽带运算放大器、音频放大器、电流检测放大器、仪表放大器及特殊功能放大器。

6. TTL 数字电路库

TTL 数字电路库共有 9 个分类，包括 74 系列、74 系列 IC 结构、74S 系列、74S 系列 IC 结构、74LS 系列、74LS 系列 IC 结构、74F 系列、74ALS 系列及 74AS 系列。

7. CMOS 数字电路库

CMOS 数字电路库共有 14 个分类，包括 4000 系列（5 V 和 5 V IC 结构、10 V 和 10 V IC 结构、15 V）、74HC 系列（2 V、4 V 和 4 V IC 结构、6 V）及 TINY 系列（26 V）等多种 CMOS 数字集成电路。

8. 数字元器件库

数字元器件库共有 11 个分类，包括数字逻辑元件、DSP 芯片、FPGA 在线可编程逻辑器件、PLD 可编程逻辑器件、CPLD 复杂可编程逻辑器件、微控制器、微处理器、存储器、线性驱动器、线性接收器及线性发送器。

9. 混合集成电路库

混合集成电路库共有 6 个分类，包括混合虚拟元件、模拟开关、模拟开关 IC 结构、555 定时器、模数/数模转换器及多谐振荡器等多种数模混合集成电路。

10. 指示元器件库

指示元器件库共有 8 个分类，包括电压表、电流表、发光探针、蜂鸣器、灯泡、虚拟灯泡、十六进制数码管及条形光柱。

11. 功率电源库

功率电源库共有 12 个分类，包括功率控制器、开关、开关控制器、开关电源控制器、开关电源辅助设备、标准稳压器、稳压调节器件、压敏器件、LED 驱动器、微电器驱动器、保险丝及混合电源。

12. 其他元器件库

其他元器件库共有 14 个分类，包括虚拟多功能器件、光电耦合器、晶振、真空电子管、开关电源降压转换器、开关电源升压转换器、开关电源升降压转换器、有损耗传输线、无损耗传输线 I 型、无损耗传输线 II 型、滤波器、场效应管驱动器、杂项元件及网络。

13. 外围设备库

外围设备库共有 4 个分类，包括键盘组件、LCD 显示屏、串行口终端及其他外围设备。

14. 射频元器件库

射频元器件库共有 8 个分类，包括射频电容器、射频电感器、射频 NPN 晶体管、射频 PNP 晶体管、射频 MOSFET、隧道二极管、传输线及铁氧体磁珠。

15. 机电类元器件库

机电类元器件库共有 8 个分类，包括设备、运动控制器、传感器、机械载荷、同步触点、线圈继电器、辅助开关及保护装置。

16. NI 元器件库

NI 元器件库共有 9 个分类，包括 NI 系列的 5 种数据采集卡、2 个可配置嵌入式系统及信号调理模块等。

17. 连接器库

连接器库共有 12 个分类，包括常用接插件等。

18. 微控制器库

微控制器库共有 4 个分类，包括 805X 系列单片机、PIC 系列芯片、读/写存储器及制度存储器。

五、仪器仪表库

NI Multisim 12 仪器仪表库提供万用表、函数信号发生器、瓦特表、示波器、四通道示波器、波特图测试仪、逻辑分析仪、逻辑转换器、失真度分析仪、频谱分析仪、网络分析仪、测量探针、泰克示波器、安捷伦相关仪器及 LabView 仪器等，如图 2-2-17 所示。

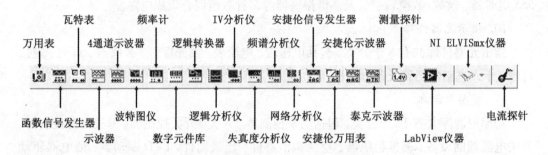

图 2-2-17　NI Multisim 12 仪器仪表库

仪器仪表库中丰富的虚拟面板仪器与实际工作中使用的仪器仪表非常相似，且多数仪器仪表与真实仪器仪表相对应。虚拟仪器仪表通过计算机软件实现仿真运行，具有操作简便、使用灵活等特点，非常便于用户仿真使用。

虚拟仪器仪表的基本操作如下。

（1）仪器选用放置：从仪器仪表库中点击所需仪器仪表，在电路工作区会显示所选仪器仪表，再次点击即可放置所选仪器仪表。

（2）仪器连接：在电路工作区内，鼠标左键单击仪器上的接线端即可出现连接线（鼠标右键单击仪器上的接线端即取消连接线），然后鼠标左键单击与之相连电路的连接点即完成连接。

（3）仪器参数设置：双击仪器图标打开仪器面板，在仪器面板上可以进行相应仪器仪表的参数设置。

（4）仿真运行：打开软件的仿真开关后，可观测数据或观察波形。在同一电路中，可以使用一种多台或多种多台虚拟仪器仪表，而且在仿真过程中，可以根据实际需要实时修改仪器的参数，以满足实验要求。

下面对数字电路实验中常用的虚拟仪器仪表的功能和使用方法进行介绍。

1. 万用表（Multimeter）

万用表可以用来测量交、直流电压、电流，电阻及电路中的传输损耗，而且具有自动量程转换功能。万用表的图标、面板及参数设置界面如图 2-2-18 所示。其图标上有 2 个接线端，分别为正极和负极。面板上提供测量结果显示、功能选择、信号模式、正极（+）、负极（-）和参数设置（Set...）功能。用户可以根据需要在功能选择区选择万用表测量电流（A）、电压（V）、电阻（Ω）、衰减（dB）等，在信号模式区可以选择测量交流（～）或直流（一）信号。在万用表的参数设置页面中，用户可以调整万用表的相关参数（如电流表内阻、电压表内阻、欧姆表电流、分贝相对值），显示设置中可以调整电流表量程（0.01 μA～999 kA）、电压表量程（0.01 μV～999 kV）、欧姆表量程（0.001 Ω～999 MΩ）。

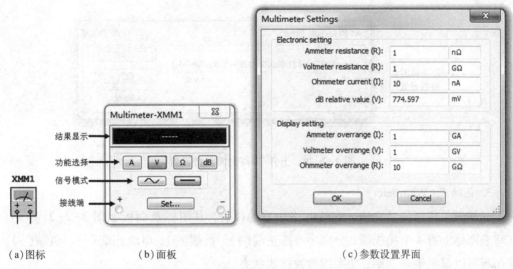

（a）图标　　　　　　　　（b）面板　　　　　　　　（c）参数设置界面

图 2-2-18　万用表的图标、面板及参数设置界面

2. 函数信号发生器（Function generator）

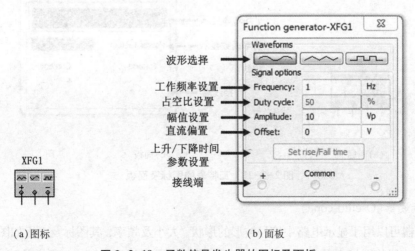

（a）图标　　　　　　　　　　　　（b）面板

图 2-2-19　函数信号发生器的图标及面板

　　函数信号发生器提供正弦波、三角波或方波信号的电压源。函数信号发生器的图标及面板如图 2-2-19 所示。函数信号发生器的图标上有 3 个接线端，左侧、中间、右侧分别是正波形端(+)、Common 端、负波形端(-)。函数信号发生器面板上的波形选择区包括正弦波、三角波和方波信号；信号设置区包括工作频率(frequency)、占空比(duty cycle)、幅值(amplitude)、直流偏置(offset)和上升/下降时间(set rise/fall time)等参数设置。

对于 3 种波形，频率的范围为 1 Hz~999 THz，占空比的范围为 1%~99%，幅值的范围为 1 μV~999 kV，直流偏置的范围为-999 kV~999 kV。对于方波信号，用户可以设置上升/下降时间，如图 2-2-20 所示。

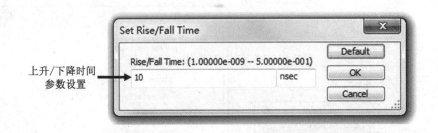

图 2-2-20　上升/下降时间参数设置

3. 瓦特表(Wattmeter)

瓦特表是用于测量交流、直流电路功率的仪表，其图标及面板如图 2-2-21 所示。瓦特表图标上有 4 个接线端，分别为电压正端(+)、负端(-)，电流正端(+)、负端(-)。其面板可以显示平均功率、功率因数及接线状态。

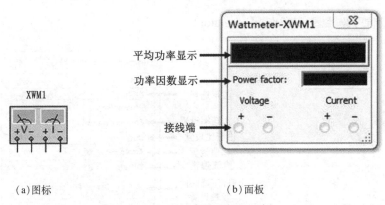

(a)图标　　　　　　　　　(b)面板

图 2-2-21　瓦特表的图标及面板

4. 示波器(Oscilloscope)

示波器可以用于显示电路中信号波形的形状、大小及频率，其图标及面板如图 2-2-22 所示。示波器的图标上共有 6 个接线端，分别为 A 通道的正负端、B 通道的正负端和外触发的正负端。

示波器有两路测量(通道 A 和通道 B)，测量时可以：① A，B 两个通道的正端分别

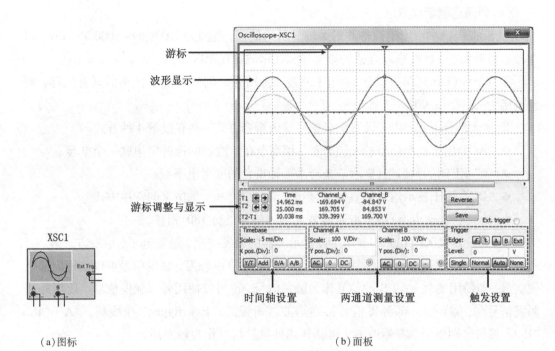

（a）图标　　　　　　　　　　　　　　　　　　　　　　（b）面板

图 2-2-22　示波器的图标及面板

只需要一根导线与待测点相连，以测量该点与地之间的信号波形；②通道 A 或 B 的正负端与器件的两端相连，以测量器件两端的信号波形。

　　示波器的面板分为波形显示区、游标调整与显示区、时间轴设置区、两通道测量设置区、触发设置区等，各区具体操作功能如下。

　　（1）波形显示区：用于显示测量波形，显示区中可以使用鼠标拖动游标对波形进行测量，通道 A 或 B 波形的颜色可以通过改变连接到示波器接线端的导线颜色来更改。

　　（2）游标调整与显示区：左侧按钮可以调整 2 个游标的位置，游标显示区则显示游标所在位置通道信号的时间、幅值及其差值等数据。

　　（3）时间轴设置区（Timebase）：用于调整时间轴。

　　① Scale（比例）：用于调整示波器的时间轴比例，可选范围为 0.1 fs/div～1000 Ts/div；

　　② X pos.（Div）（时间轴 X 位置）：用于调整时间轴的起始点，调整范围为-5.00～5.00；

　　③ 显示方式：可设置示波器的 X，Y 坐标，共有以下 4 种方式。

　　❖ "Y/T" 用于随时间变化波形，Y 轴显示通道 A，B 的输入信号，X 轴为时间基线，并按照设置时间进行扫描。

　　❖ "Add" 用于测量通道 A 与通道 B 的信号之和。

　　❖ "B/A" 用于将通道 A 信号作为 X 轴扫描信号，将通道 B 信号施加在 Y 轴上。

　　❖ "A/B" 用于将通道 B 信号作为 X 轴扫描信号，将通道 A 信号施加在 Y 轴上。

（4）两通道测量设置区。

① Scale（比例）：用于调整波形 Y 轴显示的量程，范围为 1 fV/div~1000 TV/div，调整每格数值大小，使波形以合适的幅度显示在示波器显示区。

② Y pos.（Div）（垂直位移）：用于调整波形所在时间轴在显示区中的垂直位移，调整范围为-3.00~3.00。

③ 输入耦合方式：用于设置测量信号输入耦合方式，共有以下 4 种方式。

❖ "AC" 用于显示信号的交流分量，相当于在示波器的探针中串联一个电容。

❖ "0" 用于信号接地，显示一条与水平轴重合的参考电平线。

❖ "DC" 用于显示信号的直流分量和交流分量之和，是仿真的常用方式。

❖ "-"（仅在通道 B）用于将通道 B 的输入信号进行 180° 相移。

（5）触发设置区（Trigger）：用于设置示波器的触发类型、触发电平、触发方式等。

① Edge（触发边沿类型）：用于选择上升沿或下降沿触发，触发信号可以使用内部触发信号，即使用通道 A 或 B 的信号作为触发信号，也可以使用外部触发信号。使用外部触发信号时，需要将外部触发信号接在示波器面板的 "Ext.trigger" 接线端，"A" "B" "Ext" 按钮分别用于选择通道 A、通道 B 或外触发信号作为触发源。

② Level（触发电平）：用于设置触发信号的触发门限，设置范围为-999~999 kV。信号电平高于触发电平时显示在示波器上。

③ Type（触发方式）：用于选择触发方式，共有以下 4 种。

❖ "Single" 用于单脉冲触发，当测量信号大于触发电平时，触发一次显示；当信号显示满屏时，再次单击 "Single" 按钮才会显示下一屏信号。

❖ "Normal" 用于设置示波器每次到达触发电平时进行刷新。

❖ "Auto" 用于自动触发，示波器自主选择通道信号作为触发信号，仿真常用此种触发方式。

❖ "None" 用于普通脉冲触发。

（6）"Reverse" "Save" 按钮："Reverse" 按钮用于反转波形显示区背景色，实现显示区的背景颜色在白色和黑色之间转换；"Save" 按钮用于保存当前信号波形，保存文件可以是 ".scp" 文件、".lvm" 文件或 ".tdm" 文件。

5. 四通道示波器（Four channel oscilloscope）

四通道示波器与上文中的示波器类似，也是用于显示信号波形的形状、大小及频率等参数的仪器。四通道示波器的图标及面板如图 2-2-23 所示。其图标有 6 个接线端，分别为 4 个通道、接地端和外部触发端，其使用方法与上文中的示波器相似，但四通道示波器具有 4 个信号输入通道，分别为通道 A、通道 B、通道 C、通道 D。因此，在设置四通道测量时，先通过单击四通道测量设置区内右侧的通道按钮来选择要设置的通道，再设置所需的比例和垂直位移。在时间轴设置区，具有更多选择：鼠标右键单击 "A/B>" 按钮，可以选择 A/B，A/C，A/D，B/A，B/C，B/D，C/A，C/B，C/D，D/A，D/B，D/C 功能；鼠标右键单击 "A+B>" 按钮，可以选择 A+B，A+C，A+D，B+A，B+C，B+D，C

+A，C+B，C+D，D+A，D+B，D+C 功能。在触发设置区，鼠标右键单击"▣▸"按钮，可以进行内部触发参考通道(A，B，C，D)选择。

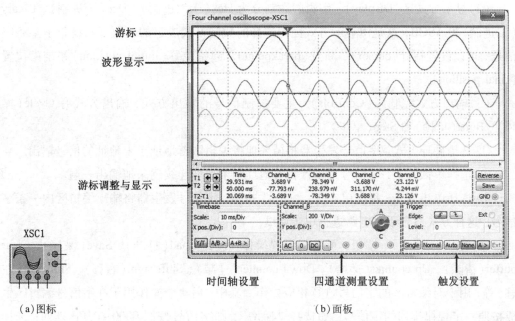

（a）图标　　　　　　　　　　　　（b）面板

图 2-2-23　四通道示波器的图标及面板

6. 字信号发生器（Word generator）

NI Multisim 12 中的字信号发生器是可以产生 32 位同步逻辑信号的信号源，其图标及面板如图 2-2-24 所示。字信号发生器的图标共有 34 个接线端，其中图标左、右两侧各有 16 个接线端，作为信号输出端；图标下侧的"R"为数据就绪输出端，"T"为外部触发信号端。

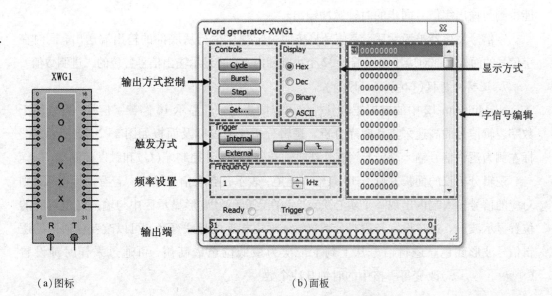

（a）图标　　　　　　　　　　　　（b）面板

图 2-2-24　字信号发生器的图标及面板

（1）字信号编辑区：此区内可以编辑所需字信号，共存放 1024 条字信号，地址范围为 0000~03FF。鼠标左键单击字信号编辑区内数字即可进行字信号编辑。

（2）显示方式区（Display）：编辑的数制分为 Hex（十六进制）、Dec（十进制）、Binary（二进制）和 ASCII，这是由显示方式区内选择的数制格式决定的。鼠标右键单击某条字信号，可以设置指针（cursor）、断点（breakpoint）、起始位置（initial position）和结束位置（final position）。

（3）输出方式控制区（Controls）：主要控制信号的输出方式，输出方式有 Cycle（循环）、Burst（单帧）和 Step（单步）。

① 选择循环方式，字信号发生器将循环地将编辑区首地址至末地址的信号输出。

② 选择单帧方式，字信号发生器将首地址至末地址连续逐条地输出一遍。

③ 选择单步方式，每次单击" Step "按钮，字信号发生器将输出编辑区内一条字信号，这种方式适合于对电路进行单步调试。

④ 单击" Set... "按钮，可进行设置操作，包括 Load（打开）、Save（保存）、Clear buffer（清除）、Up counter（递增）、Down counter（递减）、Shift right（右移）、Shift left（左移）等，用于对编辑区的字信号进行相应操作。其中，后 4 个操作用于在字信号编辑区生成按照一定规律排列的字信号，如选择"递增"，则字信号按照 0000~03FF 排列；选择"右移"，则字信号按照 8000，4000，2000 等逐步右移一位的规律排列；其余操作以此类推。Load 可以将已经存在的文件调出使用。

（4）触发方式区（Trigger）：可以选择信号的 2 种触发方式，即 Internal（内部触发）和 External（外部触发）。选择内部触发时，字信号的输出由内部输出方式控制区的按钮启动；选择外部触发时，需要先接入外部触发脉冲信号，并设置上升沿触发或下降沿触发，再单击输出方式按钮，待触发脉冲到来后启动输出。此外，在数据准备好后，输出端还能得到与输出字信号同步的时钟脉冲输出。

字信号发生器被激活后，字信号将按照一定规律逐行从底部的输出端送出，同时在字信号的面板底部对应于输出端的 32 个小圆圈内，实时显示输出信号各位的二进制数值。

7. 逻辑分析仪（Logic Analyzer）

NI Multisim 12 中的虚拟逻辑分析仪可以同步记录和显示 16 路数字信号，可以用于数字逻辑信号的高速采集和时序分析。逻辑分析仪的图标及面板如图 2-2-25 所示，图标左侧为逻辑信号输入端，下侧有外部时钟端（C）、时钟控制端（Q）和触发控制端（T）。

逻辑分析仪的面板左侧有 16 条输入通道，表示是否有信号输入。若有信号输入，则对应的信号输入端内出现一个实心灰点，并在逻辑信号波形显示区中与输入通道对应的位置显示波形。通过设置与逻辑分析仪输入通道相连的导线颜色，可以改变该通道的逻辑信号波形颜色。逻辑信号从上到下依次为最低位至最高位，可通过采样时钟设置（ Clocks/Div 1 ）改变每一格中的时钟脉冲个数。

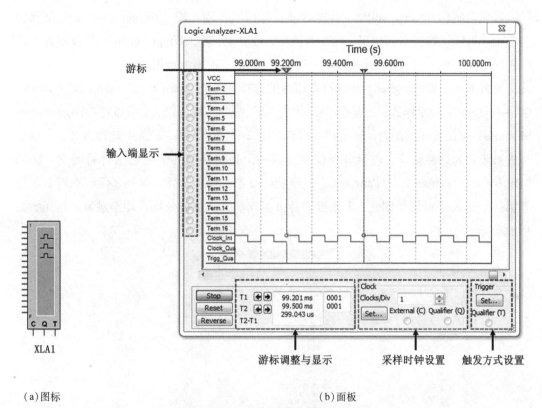

（a）图标 　　　　　　　　　　　　　　　　　　（b）面板

图 2-2-25　逻辑分析仪的图标及面板

类似示波器，用户可以通过拖拽游标的方式读取波形数据，逻辑分析仪面板下面的游标调整与显示区中，可以显示游标 T1 和 T2 处的时间读数及游标 T2 和 T1 的差值，该区域右侧在框内显示逻辑读数（四位十六进制）。

采样时钟设置区（Clock）的设置按钮（ Set... ），可以对逻辑分析仪的时钟参数进行设置，具体参数设置如下。

① 时钟源（Clock source）设置：选择时钟的来源，其中"External"为外部时钟源，"Internal"为内部时钟源。

② 时钟脉冲频率（Clock rate）设置：对内部时钟的频率进行设置。

③ 时钟限制（Clock qualifier）设置：该设置与外部时钟源配合使用。选择"1"时，则输入为"1"时开放时钟；选择"0"时，则输入为"0"时开放时钟；"×"代表时钟控制一直开放。

④ 采样设置（Sampling setting）："Pre-trigger samples""Post-trigger samples"分别用来设置采样前和采样后的显示数据，"Threshold volt.（V）"用来设置门限电压。

触发方式设置区（Trigger）的设置按钮，可以进行"Trigger Settings"设置。在触发时钟边沿（Trigger clock edge）设置里，可以设置 3 种触发方式，即上升沿触发（Positive）、下降沿触发（Negative）、上升或下降沿双触发（Both）。

触发限制(Trigger qualifier)设置对触发有控制作用，若“Trigger qualifier”设置为“×”时，则触发控制不起作用，触发由触发信号决定；若“Trigger qualifier”设置为“0”(或“1”)时，则只有在触发信号为“0”(或“1”)时，逻辑分析仪才触发。

触发方式设置(Trigger patterns)有很多的选择，在“Pattern A”“Pattern B”“Pattern C”中可以设定触发样式，设置为“×”代表“0”或“1”都可以，也可以在“Trigger combinations”中设置样式组合，触发样式组合如图 2-2-26 所示。若选中某种组合，则触发样式被设置为该种组合，逻辑分析仪在读到一个指定字或几个字的组合后触发。如果“Pattern A”“Pattern B”“Pattern C”保留默认设置“××××××××××××××××”，则表示只要第一个输入逻辑信号到达，无论处于什么逻辑状态，逻辑分析仪均会触发，并开始波形的采样。

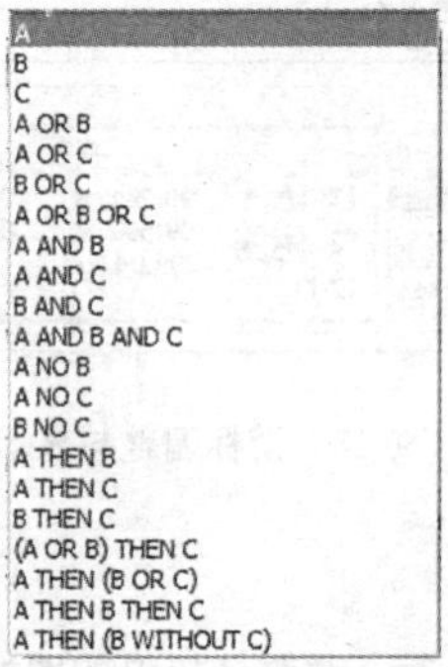

图 2-2-26　触发样式组合

8. 逻辑转换器(Logic converter)

NI Multisim 12 中的逻辑转换器是特有的虚拟仪器，能够完成真值表、逻辑表达式和逻辑电路三者之间的相互转换。逻辑转换器的图标、面板及电路连接举例如图 2-2-27 所示。

逻辑转换器图标的下侧有 9 个接线端，从左边开始的 8 个接线端为输入端，连接被分析逻辑电路的输入端；最右边的 1 个接线端为输出端，与被分析逻辑电路的输出端相连。

以图 2-2-27(c)所示电路连接为例，逻辑转换器可以通过分析逻辑电路得到真值表。

选择转换方式区的“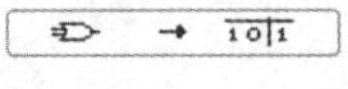”按钮，在真值表区可以得到被分析逻辑电路的真值表。

选择“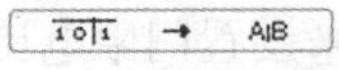”按钮，可以由真值表分析得到逻辑表达式，并显示在逻辑表达式区。由真值表导出逻辑表达式，有以下 2 种方式。

① 若已知逻辑电路结构，可用将逻辑电路转换为真值表的方式导出逻辑表达式。

② 直接在真值表栏中输入真值表，根据输入变量的个数单击逻辑转换器面板顶部输

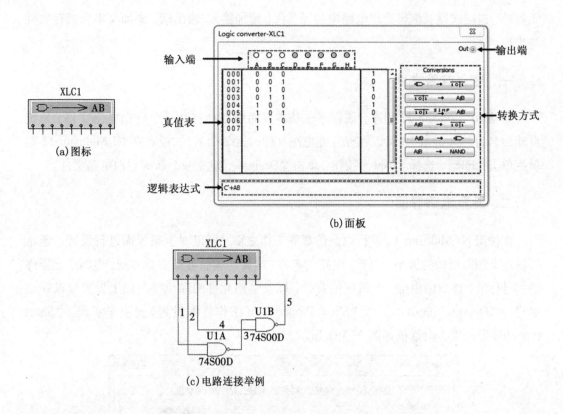

图 2-2-27　逻辑转换器的图标、面板及电路连接举例

入端（A 至 H），选定（或取消）输入变量。变量被选定后，与之对应的输入端圆圈内部会变白。此时，在真值表栏将自动出现输入变量的所有组合，而右侧靠近滚动条的输出列的初始值全部为"?"。根据所需的逻辑关系来确定或修改真值表的输出值（0、1、×），多次单击真值表栏右侧输出列的输出值，可选择"0"、"1"或"×"。

选择"<u>1011 SIMP AIB</u>"按钮可以将真值表转换为简化的逻辑表达式。简化的逻辑表达式只有"与"和"或"2 种逻辑关系。其中，逻辑表达式的"非"用"'"表示。

选择"<u>AIB → 1011</u>"按钮可以将逻辑表达式转换为真值表。逻辑转换器根据逻辑表达式区的表达式生成真值表。同样，逻辑表达式的"非"用"'"表示。

选择"<u>AIB → ⊏⊅</u>"按钮可由逻辑表达式生成逻辑电路。逻辑转换器根据逻辑表达式区的表达式生成对应的逻辑电路。

选择"<u>AIB → NAND</u>"按钮可由逻辑表达式生成与非门电路。逻辑转换器根据逻辑表达式区的表达式生成一个只有"与非"逻辑关系的（组合）逻辑电路。

第三节　NI Multisim 12 基本操作

NI Multisim 12 创建电路原理图主要包括建立电路文件、设置电路界面、选取与放置元器件、连接线路及编辑处理电路中的元器件、增加输入/输出端、添加文本和保存文件等步骤。

一、建立电路文件

启动 NI Multisim 12 程序，该程序在基本界面中自动打开一个空白电路文件，系统自动命名为"Design1"（可以在保存此电路文件时重新命名）。或者在 NI Multisim 12 菜单栏单击"File"，选择"New"按钮，单击"Design"，建立一个新的空白电路文件。

二、设置电路界面

在使用 NI Multisim 12 进行电路仿真等工作之前，可以对电路界面进行设置。通常可以定义制图纸张的大小、边界，电路的名称，电路的实验者及实验时间，电路中元器件的符号标准，连线的粗细，编辑区的背景，以及电路元件的颜色等。以上设置可以在菜单栏的"Options"选项中选择"Sheet Properties"（工作界面设置）选项来实现。"Sheet Properties"选项卡对话框如图 2-3-1 所示。

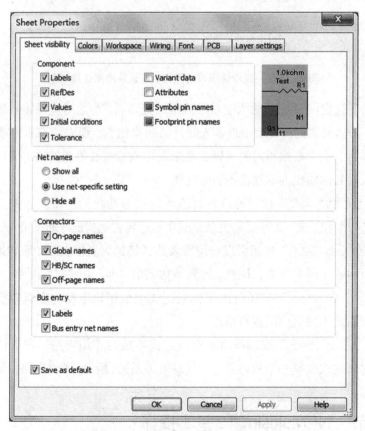

图 2-3-1 "Sheet Properties"选项卡对话框

"Sheet Properties"对话框中共有 7 个选项卡。用户可以通过对这 7 个选项卡进行设置，从而设置一个电路界面。下面选取其中常用的设置进行介绍。

1. "Sheet visibility" 选项卡

"Sheet visibility" 选项卡可以对电路可见性进行设置，如图 2-3-1 所示，通过勾选或不勾选复选框的方式，决定元器件、连接器及总线的以下参数在电路工作区的显示与否：① Labels，即元器件的标签；② RefDes，即元器件的编号；③ Values，即元器件数值；④ Initial conditions，即初始条件；④ Tolerance，即容差。

2. "Colors" 选项卡

"Colors" 选项卡可以对电路工作区颜色进行设置，包括背景、文本、元器件、导线、连接器、总线的颜色等，如图 2-3-2 所示。

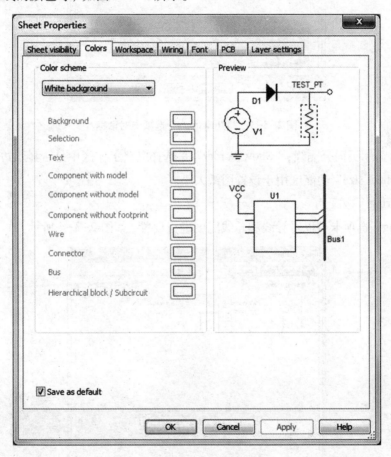

图 2-3-2 "Colors" 选项卡对话框

3. "Workspace" 选项卡

"Workspace" 选项卡可以对电路图纸进行设置，如图 2-3-3 所示。此选项卡上有 2 个功能区，分别是 "Show" "Sheet size"。

（1）"Show" 功能区中，"Show grid" 是选择电路工作区中是否显示网格，使用网格可方便电路元器件之间的连接，使电路图美观整齐；"Show page bounds" 是选择电路工

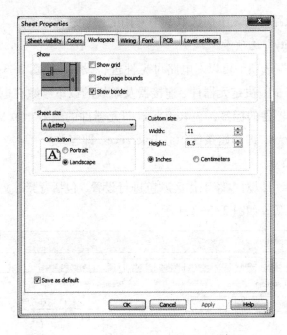

图 2-3-3 "**Workspace**"选项卡对话框

作区中是否显示页面分隔线;"Show border"是选择电路工作区中是否显示边界。

（2）"Sheet size"功能区用于设置图纸大小。

4."Wiring"选项卡

"Wiring"选项卡可以对导线和总线宽度进行设置，如图 2-3-4 所示。

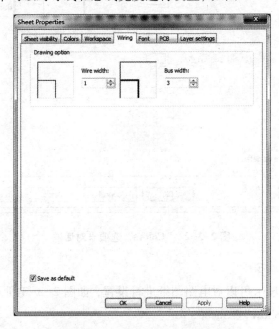

图 2-3-4 "**Wiring**"选项卡对话框

三、选取与放置元器件

1. 元器件的选取

选取元器件时，首先在元器件库中单击包含该元器件的图标，打开该元器件库；然后在选中的元器件窗口中，单击该元器件，再单击"OK"按钮，用鼠标移动该元器件；最后单击鼠标左键，将该元器件放置在电路工作区的合适位置。

2. 元器件的复制、移动、旋转等操作

用户连接电路时，可能对元器件进行复制、移动、旋转、删除等操作，具体操作如下：单击需要操作的元器件以将其选中，此时被选中元器件的四周会出现虚线方框，单击鼠标右键打开菜单选项，可以对其进行相关操作，其操作菜单如图2-3-5所示。

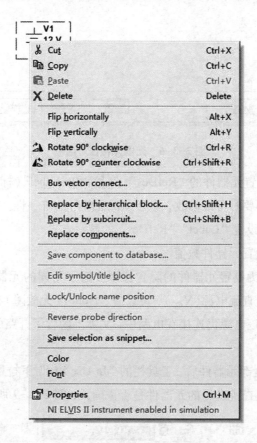

图 2-3-5　元器件操作菜单

3. 元器件标签、编号、数值、模型参数的设置

选中元器件后，双击该元器件或选择菜单栏"Edit"，选择"Properties"（元器件特性），会弹出元器件特性对话框，如图2-3-6所示。该对话框有多种选项可供设置，包括 Label（标签）、Display（显示）、Value（数值）、Fault（故障）、Pins（引脚）、Variant（变量）等内容。

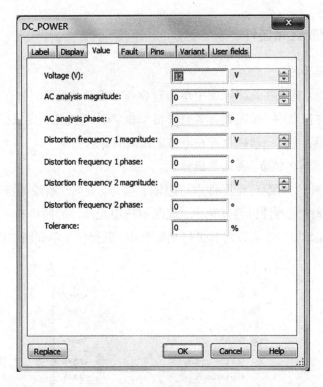

图 2-3-6　元器件特性对话框

（1）Label：用于设置元器件的"RefDes"（编号）和"Label"（标签）。其中，"RefDes"是系统自动分配的，必要时可以修改，但必须保证编号的唯一性。

（2）Display：用于设置"Label""RefDes"的显示方式。

（3）Value：用于设置元器件数值。

（4）Fault：用于人为设置元器件的隐含故障。对于不同的元器件，可以设置的故障选项不同。例如，对于直流电源（V_{CC}），可设置"None"（无故障）和"Open"（开路）。如果选择"Open"，尽管该电源仍连接在电路中，实际上隐含了开路的故障，这可为电路的故障分析提供方便。

放置完电路中的全部元器件后，工具栏的"In Use List"下拉栏中会显示电路中使用的所有元器件，用于检查所选用的元器件是否正确，如图 2-3-7 所示。

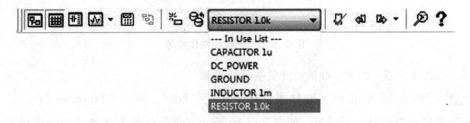

图 2-3-7　"In Use List"下拉栏

四、连接线路及编辑处理电路中的元器件

1. 线路连接

NI Multisim 12 的元器件、仪表等通过导线连接，连接方法简单、易操作，只需将鼠标移到元器件引脚处，当鼠标指针的连接线为点状时单击鼠标左键，连接线呈现虚线形式；若要从某点转弯，应先单击转弯处，固定该点，再移动鼠标，将鼠标移到要连接的另一元器件引脚处，然后单击鼠标左键，则完成一根连线；最后重复以上过程，完成所有连线（必须是端点连线，不能有重合的线段）。

2. 显示并修改电路的节点号

电路元器件连接后，系统会自动分配给各个节点一个序号，这些节点序号并不出现在电路上，可以通过启动"Options"菜单的"Sheet Properties"选项，选择"Sheet visibility"选项卡，再选择"Net names"中的"Show all"，使系统自动分配的节点号可见。

但是，出现在电路各节点的序号不一定是习惯的表示方式，为了便于仿真分析，可以对节点号进行修改。鼠标左键双击需要修改节点号的连线，弹出"Net Properties"对话框（如图 2-3-8 所示），在"Preferred net name"中输入"V"，点击"OK"按钮，即可将电路中的"1"号节点改为"V"号节点。

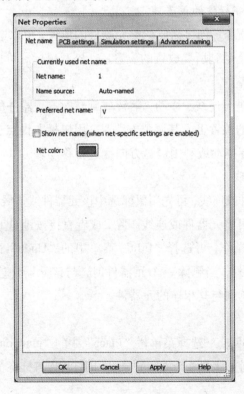

图 2-3-8　"Net Properties"对话框

3. 改变元器件和连线的颜色

在复杂的电路中，为了方便电路的连接和测试，可以将连线设置为不同颜色。其方法是鼠标右键单击元器件或连接线，选定"Segment color"项，选取所需的颜色，然后点击"OK"按钮，如图 2-3-9 所示。

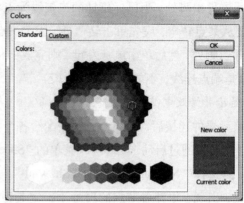

（a）   （b）

图 2-3-9 改变元器件和连线的颜色

4. 调整元器件和文字标注的位置

在元器件较多的情况下，如果需要调整元器件的位置，可以选中单个或多个元器件，然后按住鼠标将元器件拖动到所要放置的位置后，松开鼠标。可以使用键盘上的方向键对元器件的位置进行调整。

对电路上的元器件进行连线、移动、翻转或旋转时，元器件的序号或数值等文字标注可能会出现在不合适的位置上。其调整方法是：用鼠标左键点击需要调整的序号或数值等文字标注，再用鼠标拖动或利用键盘方向键进行移动。

5. 删除元器件或连线

如果需要删除元器件或连线，可先用鼠标选中该元器件或连线，再选择菜单栏"Edit"菜单中的"Delete"，即可将元器件或连线删除，或者直接按键盘上的"Delete"键进行删除。如果需要撤销删除操作，可选择"Edit"菜单中的"Undo"命令，或者使用快捷键"Ctrl+Z"进行撤销。另外，当删除一个元器件时，与该元器件连接的连线也将一并消失，但删除连线不会影响到与其相连的元器件。

6. "连接点"的使用

"连接点"是一个小圆点，选择菜单栏"Place"中的"junction"可以放置"连接点"。1 个"连接点"最多可以连接来自 4 个方向的导线，同样可以直接将"连接点"插入连线中。

五、增加输入/输出端

增加输入/输出端的方法是：单击菜单栏"Place"中的"Connectors"选项，选择添加一个所需的输入/输出端，如图 2-3-10 所示。

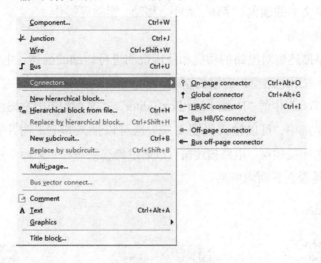

图 2-3-10　增加输入/输出端

在电路控制区中，可以将输入/输出端看作只有一个引脚的元器件，其所有操作方法与元器件的相同，不同的是输入/输出端只有一个连接点。

六、添加文本

电路图建立后，有时要为电路添加各种文本，如放置文字、添加电路描述窗、注释及电路图的标题栏等。

1. 添加文字文本

添加文字文本可以给电路增加适当的注解，文字可以为英文或中文，具体操作步骤如下。

(1)单击菜单栏"Place"中的"Text"选项，然后单击所要放置文字文本的位置，在该处出现如图 2-3-11 所示的文字文本描述框。

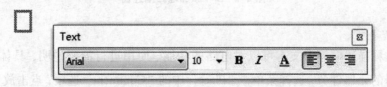

图 2-3-11　文字文本描述框

(2)在文字文本描述框中输入所需文字，同样可以在"Text"对话框内进行字体、字号、加粗、倾斜、改变字体颜色、对齐方式等操作。

（3）文字文本输入完毕，单击文字文本描述框以外的界面，文字文本描述框即相应消失，文本描述框中的文字便放置于电路中。

（4）如果需要对文字文本进行修改，应先选中该文字，再双击鼠标左键，即可修改该文字内容。同时出现"Text"对话框时，应按需进行其他修改，或者单击鼠标右键，通过快捷菜单进行文字文本的颜色、字体、大小、移动、删除等操作。

2. 添加电路描述窗

通过添加电路描述窗对电路的功能和使用说明进行详细的描述。电路描述窗可以按需打开查看，不会占用电路窗口有限的空间。

单击菜单栏"Tool"中的"Description Box Editor"选项，弹出电路描述窗，如图 2-3-12 所示。在电路描述窗中，可以输入说明文字，也可以插入声音、图片及视频等。点击"▣×"按钮即可关闭描述窗。电路描述窗可以通过勾选菜单栏"View"中的"Description box"选项，选择是否在界面内可见。

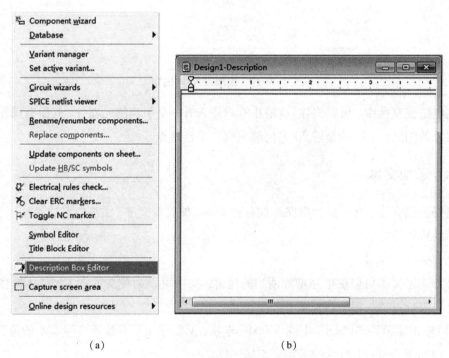

（a）　　　　　　　　　　　　　（b）

图 2-3-12　添加电路描述窗

3. 添加注释

利用注释描述框输入文本可以对电路的功能、使用进行简要说明，具体方法如下：在需要注释的元器件旁，选择菜单栏"Place"中的"Comment"选项，点击放置于所需注释位置；鼠标双击添加注释标志(🔊)，弹出"Comment Properties"对话框，在"Comment text"区可以输入注释所需文本，也可以使用"Comment Properties"对话框中的其他选项进行文本颜色、字体等设置，如图 2-3-13 所示。

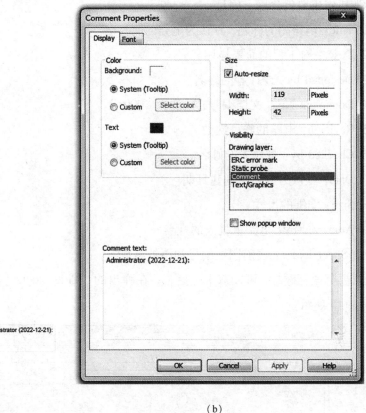

（a）　　　　　　　　　　　　　　　（b）

图 2-3-13　添加注释

4. 添加标题栏

标题栏可以对电路的创建日期、创建人、校对人、审核人、图纸编号等信息进行说明。添加标题栏的具体方法如下：点击菜单栏"Place"中的"Title block"选项，弹出一个将文件路径添加为 NI Multisim 12 安装路径下的"Title block"子目录，在该文件夹中存放了 NI Multisim 12 为用户设计的 10 个标题栏文件。假设选中 NI Multisim 12 默认标题文件"default. tb7"，单击"打开"，即可放置如图 2-3-14 所示的标题栏。

National Instruments 801-111 Peter Street Toronto, ON M5V 2H1 (416)997-5550		NATIONAL INSTRUMENTS™ ELECTRONICS WORKBENCH GROUP	
Title: Design1	Desc.:Design1		
Designed by:	Document No.:0001	Revision: 1.0	
Checked by:	Date: 2011-12-21	Size:　　A	
Approved by:	Sheet　1　of　1		

图 2-3-14　NI Multisim 12 默认"default. tb7"标题栏

标题栏中主要包含以下信息。

(1) Title：电路图的标题，默认为电路的文件名。

(2) Desc.：对工程的简要描述。

(3) Designed by：设计者的姓名。

(4) Document No.：文档编号，默认为"0001"。

(5) Revision：电路的修订次数。

(6) Checked by：校对人的姓名。

(7) Date：默认为电路的创建日期。

(8) Size：图纸的尺寸。

(9) Approved by：电路审批人的姓名。

(10) Sheet 1 of 1：当前图纸编号和图纸总数。

如果要修改标题栏，可以双击标题栏，在弹出的"Title block"对话框中进行修改，如图2-3-15所示。

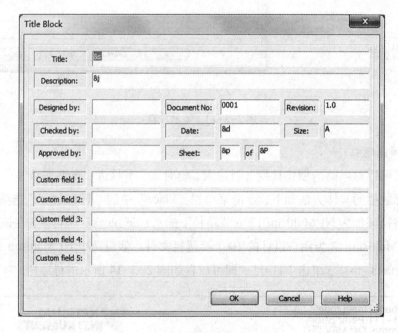

图2-3-15　修改标题栏内容

七、子电路

子电路（Subcircuit）是用户自己定义的一个电路（相当于一个电路模块），可以存放自定义元器件库，供电路设计时反复调用。利用子电路可使大型复杂的电路设计模块化、层次化，从而提高设计效率与设计文档的简洁性、可读性，实现设计的重用，缩短产品的开发周期。

要想使用子电路，首先要创建一个子电路。下面以全加法器为例，介绍子电路的创建过程。

1. 创建子电路的电路图

按照前述方法，通过选取元器件、放置元器件、连线等步骤构建全加法器电路原理图。

选择菜单栏"Place"中的"Connectors"选项，按照需要选择连接器。

其中，A，B，C 为输入，S 和 C_i 为输出，分别添加"HB/SC connector"后，全加法器电路原理图如图 2-3-16 所示。

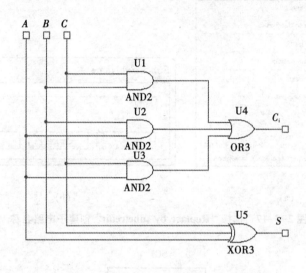

图 2-3-16　全加法器电路原理图

2. 添加子电路

建立子电路的内部电路后，下一步就是将此电路转化成一个子电路，并把它放置在电路工作区中，具体操作如下。

（1）全选所有电路（鼠标选取或键盘"Ctrl+A"快捷键全选）。

（2）选择菜单栏"Place"中的"Replace by subcircuit"选项或鼠标右键单击全选的电路，选择"Replace by subcircuit"选项，在"Subcircuit Name"对话框中输入所创建的子电路名称（如"ADD"），如图 2-3-17 所示。

（3）命名之后，与放置元器件的步骤类似，此时子电路跟随鼠标移动到合适的位置，然后单击鼠标左键，即可完成子电路的放置，如图 2-3-18 所示。在含有子电路的电路工作区，子电路可作为一个元器件使用。

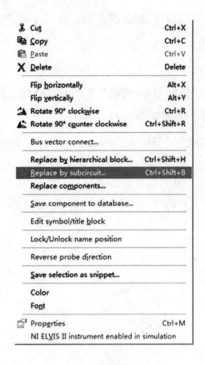

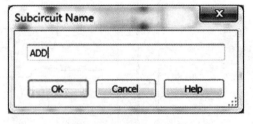

（a）　　　　　　　　　　　　　　　　（b）

图 2-3-17　选择"**Replace by subcircuit**"创建子电路名称

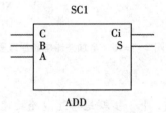

图 2-3-18　创建全加法器子电路

3. 子电路的编辑

鼠标双击全加法器子电路，弹出"Hierarchical Block/Subcircuit"对话框，如图 2-3-19 所示。通过此对话框可以修改子电路的参考序列号（RefDes），单击"Open subsheet"按钮，可以查看和修改子电路的电路图。

添加子电路后，子电路的名称就会出现在元器件列表中；选中子电路后，单击鼠标右键执行相应的菜单命令，可以对子电路进行剪切，复制，水平翻转，垂直翻转，顺时针 90°旋转，逆时针 90°旋转，设置颜色，字体，符号等操作。

创建子电路也可以采用先创建子电路符号，再设计具体电路的方法来实现。选择菜单栏"Place"中的"New subcircuit"选项，或者在电路工作区空白处单击鼠标右键，选择"Place on schematic"，点击"New subcircuit"选项，创建子电路名称后出现子电路图标，如图 2-3-20 所示。此时，双击此图标，弹出"Hierarchical Block/Subcircuit"对话

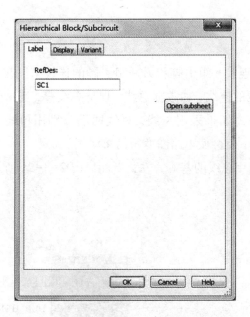

图 2-3-19　"Hierarchical Block/Subcircuit" 对话框

框,单击"Open subsheet",弹出子电路编辑窗口,创建子电路的电路(电路设计、添加输入/输出连接器),再返回主电路窗口,这时主电路窗口会显示带输入/输出引脚的子电路。

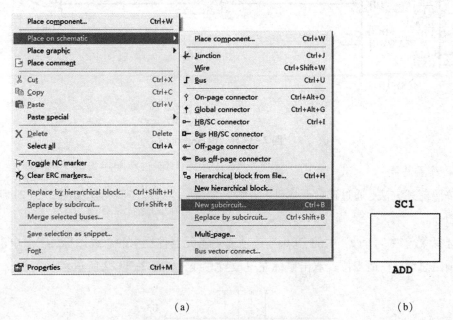

　　　　　　　　　(a)　　　　　　　　　　　　　　　　　　　(b)

图 2-3-20　创建子电路及子电路图标

八、总线

总线(Bus)是用来连接一组引脚和另一组引脚的连线束。在建立电路图时，经常会遇到一组性能相同导线的连线，如数据总线、地址总线等，当这些连接增多或距离加长时，就会令人难以分辨。如果采用总线，总线两端分别用单线连接，构成"单线—总线—单线"的连接方式，就会使电路图变得简单明了。

为了说明放置和使用总线的基本方法，下面以图 2-3-21 所示的电路为例，详细介绍总线的使用方法。

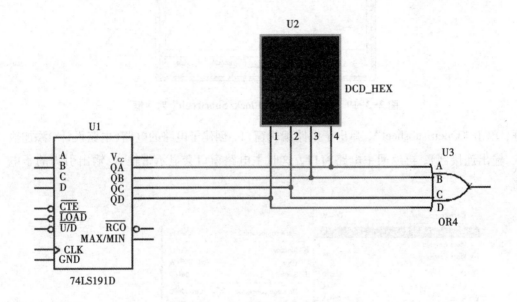

图 2-3-21　电路设计

1. 放置总线

按照前述方法，通过选取元器件、放置元器件、连线等步骤构建如图 2-3-21 所示的电路图。

选择菜单栏"Place"中的"Bus"选项或点击元器件栏中的总线图标(　)，单击鼠标左键画出总线，在适当位置双击鼠标左键放置总线，如图 2-3-22 所示。

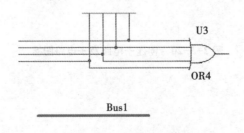

图 2-3-22　总线放置

2. 总线与电路的连接

将"Bus1"作为数据总线，可简化 74LS191D 的数据输出端 Q1～Q4 与数码管 U2、与或门 U3 的线路连接。其具体连接方法如下。

(1)数码管与总线的连接。断开数码管 U2 与 74LS191D 之间的连接，然后从数码管 U2 的引脚处连接一条线到总线 Bus l 上，鼠标接近总线时，会出现一个+45°或-45°的斜线，单击鼠标，弹出"Bus Entry Connection"对话框，将"Bus line"修改为"QD"，表明数码管的 1 号引脚要与 74LS191D 的数据输出端 QD 相连，如图 2-3-23 所示；依此类推，连接其他引脚。

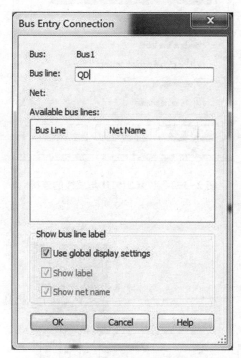

图 2-3-23　数码管与总线的连接

(2)74LS191D 与总线的连接。类似数码管连接总线的方法，适当地延长总线后，断开 74LS191D 的连接线，将 74LS191D 的 QD 端与总线连接，在"Bus Entry Connection"对话框中的"Available bus lines"(可选总线连接线)中选择"QD"，点击"OK"按钮，如图 2-3-24 所示；依此类推，完成其他引脚到总线的连接。

按照上述方法完成电路其他部分与总线的连接，得到含有总线结构的电路原理图，如图 2-3-25 所示。

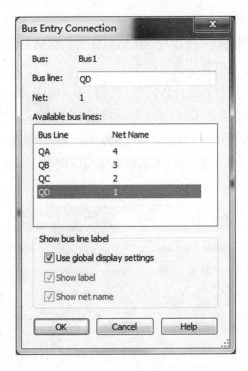

图 2-3-24　74LS191D 与总线的连接

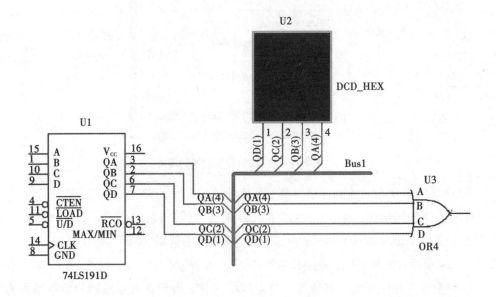

图 2-3-25　含有总线结构的电路原理图

九、保存文件

（1）选择菜单栏"File"中的"Save"选项或单击工具栏中的存储按钮（▯），弹出"Save As"（保存文件）对话框，如图 2-3-26 所示。

图 2-3-26 "Save As"对话框

（2）选定保存文件的路径。

（3）在"文件名"编辑框中输入文件名，如"Design1"。

（4）单击"保存"按钮。

通过上述步骤，就可以将电路图保存在选定的路径中，生成以"Design1. ms12"为文件名的文件。

第二部分

数字电子技术实践

第三章　数字电子技术实验

实验一　门电路的逻辑功能测试与应用

一、实验目的

(1)熟悉数字电子技术实验箱的使用方法。

(2)掌握验证逻辑门功能的方法，以及芯片引脚号的排序方法。

(3)掌握逻辑函数的化简方法和逻辑函数形式变换。

(4)掌握多余输入端的处理方法。

二、预习要求

(1)熟悉实验所用集成电路的功能、外部引线排列。

(2)复习组合逻辑电路的分析方法。

(3)写出组合逻辑电路的表达式并化简。

(4)画出使用异或门分别实现 $F=A$ 和 $F=\overline{A}$ 的逻辑电路图。

三、实验器材

(1)数字电子技术实验箱。

(2)集成块：74LS00，74LS04，74LS32，74LS86。

四、实验内容与步骤

1. 门电路功能测试

(1)74LS00——二输入四与非门。

图 3-1-1 为 74LS00 的引脚图。它是一个 14 引脚的双列直插式集成芯片。注意：实验过程中，集成芯片不能插反，即芯片缺口应与实验箱上的 IC 插座缺口相对应。该芯片的引脚号排序方法是将芯片的缺口朝左放置，从左下角开始，逆时针从 1 开始排序。

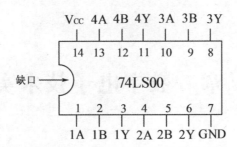

图 3-1-1　74LS00 的引脚图

该芯片工作时，必须接电源和地：一般引脚号最大的引脚为电源（左上角），1/2 引脚号的引脚为地（右下角）。切记电源与地不能接反。注意：逻辑图中不用画出电源和地，但实验时必须接上。实验过程中，如果改动接线，须先断开电源，接好线后再通电进行实验。

74LS00 的逻辑功能测试电路如图 3-1-2 所示，其用于测试其中一个与非门的输入端和输出端之间的逻辑关系。输入端 A，B 接高低电平开关，输出端 Y 接发光二极管指示灯（LED）；拨动逻辑电平开关（向上拨为高电平"1"，向下拨为低电平"0"），按照表 3-1-1 所列数据改变输入电平，同时观察发光二极管的状态（亮为高电平"1"，灭为低电平"0"），将测试结果填入表 3-1-1 中；采用相同的方法，测试该芯片其他 3 个与非门的功能，并写出其逻辑表达式。

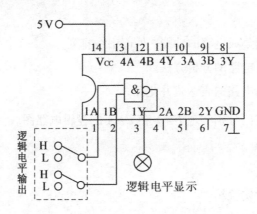

图 3-1-2　74LS00 的逻辑功能测试电路图

表 3-1-1　与非门的真值表

A	B	Y
0	0	
0	1	
1	0	
1	1	

与非门的逻辑表达式：_____

（2）74LS32——二输入四或门。

图 3-1-3 为 74LS32 的引脚图。该实验的测试方法同上，将测试结果填入表 3-1-2 中，并写出其逻辑表达式。

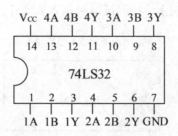

图 3-1-3　74LS32 的引脚图

表 3-1-2　或门的真值表

A	B	Y
0	0	
0	1	
1	0	
1	1	

或门的逻辑表达式：_____

（3）74LS86——二输入四异或门。

图 3-1-4 为 74LS86 的引脚图。该实验的测试方法同上，将测试结果填入表 3-1-3 中，并写出其逻辑表达式。

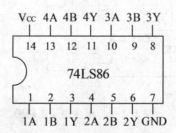

图 3-1-4　74LS86 的引脚图

表 3-1-3　异或门的真值表

A	B	Y
0	0	
0	1	
1	0	
1	1	

异或门的逻辑表达式：_____

（4）74LS04——六非门（六反相器）。

图 3-1-5 为 74LS04 的引脚图。注意：74LS04 的引脚排列与前面 3 个芯片的引脚排列不同。该实验的测试方法同上，将测试结果填入表 3-1-4 中，并写出其逻辑表达式。

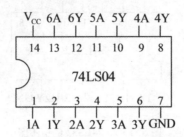

图 3-1-5　74LS04 的引脚图

表 3-1-4　非门的真值表

A	Y
0	
1	

非门的逻辑表达式：_____

2. 与非门实现的逻辑电路功能分析

按照图 3-1-6 所示的组合逻辑电路接线，写出其逻辑表达式并化简，将测试结果填入表 3-1-5 中。

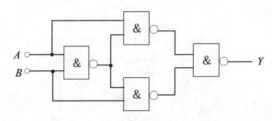

图 3-1-6　组合逻辑电路图

（1）图 3-1-6 所示组合逻辑电路的逻辑表达式及化简结果：

（2）真值表：

表 3-1-5　图 3-1-6 所示组合逻辑电路真值表

A	B	Y
0	0	
0	1	
1	0	
1	1	

3. 画出电路图及波形

用异或门（74LS86）分别实现 $F=A$ 和 $F=\overline{A}$，画出它们的逻辑电路图并填入表 3-1-6 中，接线并检验结果。输入端 A 接连续脉冲 1 Hz，输入端和输出端同时接 LED，观察结果，画出输出波形并填入表 3-1-6 中。注意多余输入端的处理。

表 3-1-6　结果表

逻辑表达式	逻辑电路	输出波形
$F=A$		CP 波形
$F=\overline{A}$		

五、分析与讨论

（1）如何识别集成门电路的引脚？

（2）与非门的逻辑功能：有（　　）出（　　），全（　　）出（　　）。

（3）异或门的逻辑功能是什么？

（4）TTL 与非门多余输入端的处理方法有哪些？

六、实验报告要求

（1）按照实验要求记录、整理实验数据，并对实验结果进行分析。

（2）根据实验内容，写出实验电路的设计过程，并画出设计电路图。

（3）完成分析与讨论内容。

(4)总结实验中出现的问题和解决办法。

七、注意事项

(1)接通电源之前，需检查电源电压值和极性是否正确。

(2)插拔芯片及连接电路时，应断电操作，缺口对应，避免损坏芯片。

(3)连接线插拔时，应拿住插头，不要用力拉扯导线，以免连接线损坏。

(4)实验开发板上不许放多余的导线，以免短路或连接线损坏。

(5)数字电子技术实验箱上芯片的位置参考箱内粉色卡片标示。

实验二 组合逻辑电路的分析与设计

根据逻辑功能的不同特点，数字电路可分为组合逻辑电路和时序逻辑电路两大类。其中，组合逻辑电路的特点是任何时刻的输出只与该时刻的输入有关，而与输入信号作用前的电路状态无关。用小规模集成电路构成组合逻辑电路是设计数字电路的基础。

一、实验目的

(1)掌握加法器电路的逻辑功能。

(2)掌握 TTL 集成门电路设计组合逻辑电路的方法。

二、预习要求

(1)复习组合逻辑电路的设计方法。

(2)设计并画出实验内容需要的逻辑电路图。

三、实验器材

(1)数字电子技术实验箱。

(2)集成块：74LS00，74LS04，74LS20，74LS86。

四、实验内容与步骤

(1)参照本章实验一中的逻辑功能测试方法，对照图 3-2-1 所示的 74LS20(四输入二与非门)的引脚图，对 74LS00，74LS04，74LS20，74LS86 芯片进行逻辑功能测试。功能正确的芯片留作接下来的实验使用。

(2)用异或门和与非门组成半加器，其电路如图 3-2-2 所示，测定其逻辑功能并将结果填入表 3-2-1。

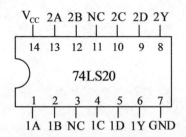

图 3-2-1 74LS20 的引脚图

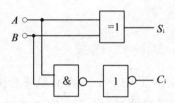

图 3-2-2 半加法器的逻辑电路图

表 3-2-1 半加法器的真值表

A	B	S_i	C_i
0	0		
0	1		
1	0		
1	1		

（3）用与非门芯片(74LS00)实现表 3-2-2 所列的逻辑函数，写出其逻辑表达式并化简；画出逻辑电路图，根据逻辑电路图接线并检验结果。

表 3-2-2 逻辑函数的真值表

A	B	C	Y
0	0	0	0
0	0	1	0
0	1	0	0
0	1	1	1
1	0	0	0
1	0	1	1
1	1	0	0
1	1	1	1

① 表 3-2-2 的逻辑表达式及化简结果：

② 表 3-2-2 的逻辑电路图：

（4）设计一个三人表决电路。其中一个人 A 有最终否决权，即只要 A 不同意，这件事就不能通过；但是若 A 同意了这件事，也不一定能通过，还要看另外两个人的意见，结果按照少数服从多数的原则决定。该表决电路要求用与非门实现，写出设计过程，画出逻辑电路图，根据逻辑电路图接线，测定逻辑功能并将结果填入表 3-2-3 中。

① 真值表：

表 3-2-3　三人表决电路的真值表

A	B	C	Y
0	0	0	
0	0	1	
0	1	0	
0	1	1	
1	0	0	
1	0	1	
1	1	0	
1	1	1	

② 逻辑表达式及化简结果：

③ 逻辑电路图：

五、分析与讨论

74LS00 和 74LS20 的共同点和区别有哪些?

六、实验报告要求

(1)按照实验要求记录、整理实验数据，并对实验结果进行分析。

(2)总结组合逻辑电路的分析与设计方法。

(3)根据实验内容，写出实验电路的设计过程，并画出设计电路图。

(4)完成分析与讨论内容。

(5)总结实验中出现的问题和解决办法。

实验三 用中规模集成电路设计组合逻辑电路

用中规模集成电路(middle scale integration，MSI)设计组合逻辑电路是组合逻辑电路设计的一种常用方法。

一、实验目的

(1)掌握用中规模集成电路设计组合逻辑电路的一般方法。

(2)掌握译码器、数据选择器的逻辑功能及使用方法。

二、预习要求

(1)了解 74LS138，74LS153，74LS151 的工作原理和逻辑功能。

(2)复习组合逻辑电路的设计方法。

(3)设计并画出实验内容需要的逻辑电路图。

三、实验器材

（1）数字电子技术实验箱。

（2）集成块：74LS00，74LS04，74LS20，74LS138，74LS153，74LS151。

四、实验原理

用中规模集成电路设计组合逻辑电路，其具体步骤见图 3-3-1。

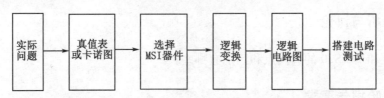

图 3-3-1 用中规模集成电路设计组合逻辑电路步骤

1. 译码器

译码器是一个多输入、多输出的组合逻辑电路，其作用是将给定的代码进行"翻译"，变成相应的状态，使输出通道中相应的一路有信号输出。译码器在数字系统中有广泛的用途，不仅用于代码的转换、终端的数字显示，而且用于数据分配、存储器寻址和组合控制信号等。根据不同的功能，可选用不同种类的译码器。

74LS138 为 3 线-8 线译码器，它有 3 个输入端 A_2，A_1，A_0，以及 8 个输出端 $\overline{Y_7}$，$\overline{Y_6}$，…，$\overline{Y_1}$，$\overline{Y_0}$。当输入一个三位二进制代码时，8 个输出端中只有对应的 1 个输出端为"0"，表示输出翻译的信息。例如，输入为 $A_2A_1A_0 = 001$，输出只有 $\overline{Y_1} = 0$。74LS138 有 3 个使能端 S_1，S_2，S_3，用于控制译码器的工作状态，只有 S_1 端为高电平且 S_2，S_3 端为低电平时，该译码器才工作。如果该译码器的所有输出端都为高电平"1"，说明它没有工作，此时可检查 3 个使能端是否连接正确。

74LS138 的引脚如图 3-3-2 所示，74LS138 的真值表如表 3-3-1 所列。

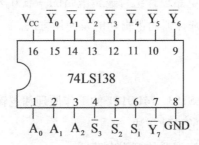

图 3-3-2 74LS138 的引脚图

表 3-3-1 74LS138 的真值表

输入					输出							
S_1	$\overline{S}_2+\overline{S}_3$	A_2	A_1	A_0	$\overline{Y}_0$	$\overline{Y}_1$	$\overline{Y}_2$	$\overline{Y}_3$	$\overline{Y}_4$	$\overline{Y}_5$	$\overline{Y}_6$	$\overline{Y}_7$
×	1	×	×	×	1	1	1	1	1	1	1	1
0	×	×	×	×	1	1	1	1	1	1	1	1
1	0	0	0	0	0	1	1	1	1	1	1	1
1	0	0	0	1	1	0	1	1	1	1	1	1
1	0	0	1	0	1	1	0	1	1	1	1	1
1	0	0	1	1	1	1	1	0	1	1	1	1
1	0	1	0	0	1	1	1	1	0	1	1	1
1	0	1	0	1	1	1	1	1	1	0	1	1
1	0	1	1	0	1	1	1	1	1	1	0	1
1	0	1	1	1	1	1	1	1	1	1	1	0

二进制译码器的特点是每一个输出是输入变量的一个最小项,如 74LS138 的输出为

$$\overline{Y}_7=A_2A_1A_0=\overline{m}_7;\ \overline{Y}_6=A_2A_1\overline{A}_0=\overline{m}_6;\ \overline{Y}_5=A_2\overline{A}_1A_0=\overline{m}_5;\ \overline{Y}_4=A_2\overline{A}_1\overline{A}_0=\overline{m}_4;$$

$$\overline{Y}_3=\overline{A}_2A_1A_0=\overline{m}_3;\ \overline{Y}_2=\overline{A}_2A_1\overline{A}_0=\overline{m}_2;\ \overline{Y}_1=\overline{A}_2\overline{A}_1A_0=\overline{m}_1;\ \overline{Y}_0=\overline{A}_2\overline{A}_1\overline{A}_0=\overline{m}_0$$

由于任何组合逻辑函数都可以表示为最小项之和的形式,所以可以将逻辑函数最小项之和的形式取两次反,得到由其最小项构成的"与非-与非"表达式。

由此可见,可以利用二进制译码器和与非门实现逻辑函数,只需将逻辑函数包含的变量加到译码器的输入端,将逻辑函数最小项对应的译码器的输出端接到与非门的输入端,则与非门的输出即此逻辑函数。在应用中,需注意译码器变量输入端的个数决定着能实现的逻辑函数所含有的变量的个数。

2. 数据选择器

数据选择器又叫多路开关。数据选择器在地址码(选择控制)电位的控制下,从几个输入数据中选择一个数据并将其送到一个公共的输出端。

(1)四选一数据选择器——74LS153。

中规模集成芯片 74LS153 为双四选一数据选择器,其引脚如图 3-3-3 所示。其中,$1\overline{S}$,$2\overline{S}$ 为 2 个独立的使能端;A_0,A_1 为公用控制输入端(或称地址端);$1D_0$,$1D_1$,$1D_2$,$1D_3$ 和 $2D_0$,$2D_1$,$2D_2$,$2D_3$ 分别为 2 个四选一数据选择器的 4 个数据输入端;$1Y$,$2Y$ 为 2 个输出端。表 3-3-2 是双四选一数据选择器的真值表。

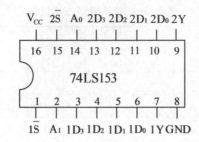

图 3-3-3　74LS153 的引脚图

表 3-3-2　双四选一数据选择器的真值表

输入			输出
使能	地址		
$\bar{S}$	A_1	A_0	Y
1	×	×	0
0	0	0	D_0
0	0	1	D_1
0	1	0	D_2
0	1	1	D_3

74LS153 的逻辑表达式如下：

$$Y=\bar{A}_1\,\bar{A}_0 D_0+\bar{A}_1 A_0 D_1+A_1\,\bar{A}_0 D_2+A_1 A_0 D_3 \tag{3-3-1}$$

由图 3-3-3 和表 3-3-2 可知，当 $\bar{S}=1$ 时，该选择器与门全被封堵，输入信号无法送到输出端，此时输出为 $Y=0$。当 $\bar{S}=0$ 时，该选择器与门全被打开，地址输入为 $A_1 A_0=00$ 时，$Y=D_0$；地址输入为 $A_1 A_0=01$ 时，$Y=D_1$；地址输入为 $A_1 A_0=10$ 时，$Y=D_2$；地址输入为 $A_1 A_0=11$ 时，$Y=D_3$。即根据输入地址，将对应的输入信号送到输出端输出。

（2）八选一数据选择器——74LS151。

中规模集成芯片 74LS151 为互补输出的八选一数据选择器，其引脚如图 3-3-4 所示，其真值表如表 3-3-3 所列。其中，2 个互补输出端为 Y 和 $\bar{Y}$，选择控制端（地址端）为 A_2，A_1，A_0，按照二进制译码，从 8 个数据输入端 $D_0 \sim D_7$ 中，选择 1 个需要的数据送到输出端 Y；$\bar{S}$ 为使能端，低电平有效。当 $\bar{S}=1$ 时，该选择器被禁止，输入数据和地址都不起作用；当 $\bar{S}=0$ 时，该选择器被选中，可以正常工作。

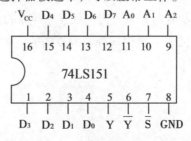

图 3-3-4　74LS151 的引脚图

表 3-3-3　八选一数据选择器的真值表

输入					输出	
D_i	$\overline{S}$	A_2	A_1	A_0	Y	$\overline{Y}$
×	1	×	×	×	0	1
D_0	0	0	0	0	D_0	$\overline{D}_0$
D_1	0	0	0	1	D_1	$\overline{D}_1$
D_2	0	0	1	0	D_2	$\overline{D}_2$
D_3	0	0	1	1	D_3	$\overline{D}_3$
D_4	0	1	0	0	D_4	$\overline{D}_4$
D_5	0	1	0	1	D_5	$\overline{D}_5$
D_6	0	1	1	0	D_6	$\overline{D}_6$
D_7	0	1	1	1	D_7	$\overline{D}_7$

由表 3-3-3 可得，输出逻辑表达式为

$$Y = D_0 \overline{A}_2 \overline{A}_1 \overline{A}_0 + D_1 \overline{A}_2 \overline{A}_1 A_0 + \cdots + D_7 A_2 A_1 A_0$$
$$= D_0 m_0 + D_1 m_1 + \cdots + D_7 m_7$$
$$= \sum_{i=0}^{7} D_i m_i \qquad (3\text{-}3\text{-}2)$$

（3）用数据选择器实现组合逻辑函数的设计步骤。

① 依据要实现的组合逻辑函数的输入变量数，确定选用数据选择器的类型，即

数据选择器的地址变量数＝组合逻辑函数的输入变量数−1

② 将要实现的组合逻辑函数变换为最小项表达式。

③ 设定输入变量数与数据选择器地址端的连接。

④ 比较数据选择器逻辑表达式与将要实现的组合逻辑函数的最小项表达式，确定数据选择器数据输入端的连接方式。

⑤ 画出连接图，即完成设计。

五、实验内容与步骤

（1）参照本章实验一中的逻辑功能测试方法，对照图 3-3-2 所示的 74LS138、图 3-3-3 所示的 74LS153 和图 3-3-4 所示的 74LS151 的引脚图，对上述 3 个芯片进行逻辑功能测试。功能正确的芯片留作接下来的实验使用。74LS138 逻辑功能测试电路如图 3-3-5 所示。

（2）利用 74LS138 和 74LS20 设计一个全加法器电路，要求写出设计过程，画出逻辑电路图，根据逻辑电路图接线，测定逻辑功能并将结果填入表 3-3-4 中。

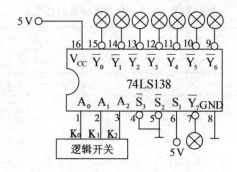

图 3-3-5　74LS138 逻辑功能测试电路图

① 逻辑电路图：

② 真值表：

表 3-3-4　全加法器的真值表

A_i	B_i	C_{i-1}	S_i	C_{i-1}
0	0	0		
0	0	1		
0	1	0		
0	1	1		
1	0	0		
1	0	1		
1	1	0		
1	1	1		

（3）用 74LS153 或 74LS151 设计一个四人表决电路：A 为主裁判，B，C，D 为副裁判。该表决电路要求：只有在主裁判同意的前提下，3 名副裁判中多数同意，比赛成绩才被承认；否则，比赛成绩不予承认。要求列出真值表，将测试结果填入表 3-3-5 中（同意为"1"，不同意为"0"；承认为"1"，不承认为"0"），画出逻辑电路图，根据逻辑电路图接线，检验实验结果是否与真值表 3-3-5 中的一致。

① 真值表：

表 3-3-5　四人表决电路的真值表

A	B	C	D	Y
0	0	0	0	
0	0	0	1	
0	0	1	0	

表3-3-5(续)

A	B	C	D	Y
0	0	1	1	
0	1	0	0	
0	1	0	1	
0	1	1	0	
0	1	1	1	
1	0	0	0	
1	0	0	1	
1	0	1	0	
1	0	1	1	
1	1	0	0	
1	1	0	1	
1	1	1	0	
1	1	1	1	

② 逻辑电路图：

(4)用一片 74LS138 和一片 74LS20 设计一个表决电路。该表决电路的要求和设计步骤同上述步骤(3)。

逻辑电路图：

六、分析与讨论

(1)译码器 74LS138 的输入、输出端各有几个？其输出的规律是什么？

(2)用中规模集成门电路完成组合函数，多输出和单输出函数选择芯片的规律是什么？

七、实验报告要求

(1)按照实验要求记录、整理实验数据，并对实验结果进行分析。

(2)总结中规模集成芯片 74LS138，74LS153，74LS151 的分析与设计方法。

(3)根据实验内容,写出实验电路的设计过程,并画出设计电路图。

(4)完成分析与讨论内容。

(5)总结实验中出现的问题和解决办法。

实验四　触发器及其应用

触发器具有 2 个稳定状态,用以表示逻辑状态"1"和"0",在一定的外界信号作用下,可以从一个稳定状态翻转到另一个稳定状态,是一个具有记忆功能的二进制信息存储器,是构成各种时序电路的最基本逻辑单元。在运用各种触发器和门电路构成时序电路前,需要了解触发器的基本逻辑功能和使用方法。

一、实验目的

(1)掌握 D 触发器和 JK 触发器的逻辑功能及其测试方法。

(2)掌握异步置 0、置 1 的方法。

(3)掌握触发器的转换方法。

(4)检验触发器构成电路的逻辑功能。

二、预习要求

(1)熟悉触发器的外引线排列情况。

(2)熟悉 D 触发器和 JK 触发器的工作特点。

(3)画出 D 触发器和 JK 触发器实现 T' 触发器的逻辑电路图。

(4)根据给出的连线图,写出各输出的状态方程。

三、实验器材

(1)数字电子技术实验箱。

(2)集成块:74LS00,74LS04,74LS74,74LS112。

四、实验原理

1. 基本 RS 触发器

由 2 个与非门的输入、输出端交叉耦合,即可构成基本 RS 触发器。其逻辑图和逻辑符号如图 3-4-1 所示。它有 2 个输入端 $\overline{R}$, $\overline{S}$, 2 个输出端 Q, $\overline{Q}$。一般情况下,Q, $\overline{Q}$ 是互补的。定义: $Q=1$, $\overline{Q}=0$ 为触发器的"1"状态; $Q=0$, $\overline{Q}=1$ 为触发器的"0"状态。$\overline{S}$ 端称为置位端或置 1 输入端,$\overline{R}$ 端称为复位端或置 0 输入端。

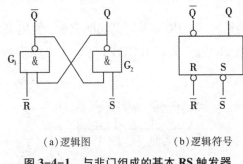

（a）逻辑图　　　　（b）逻辑符号

图 3-4-1　与非门组成的基本 RS 触发器

（1）当 $\overline{R}=1$，$\overline{S}=0$ 时，触发器的输出为 $Q=1$，$\overline{Q}=0$。在 $\overline{S}=0$ 的信号消失以后（即 $\overline{S}$ 回到"1"状态），由于有 $\overline{Q}$ 端的低电平接回到 G_2 的另一个输入端，因而电路的"1"状态得以保持。

（2）当 $\overline{R}=0$，$\overline{S}=1$ 时，触发器的输出为 $Q=0$，$\overline{Q}=1$。在 $\overline{R}=0$ 的信号消失以后（即 $\overline{R}$ 回到"1"状态），由于有 Q 端的低电平接回到 G_1 的另一个输入端，因而电路的"0"状态得以保持。

（3）当 $\overline{R}=1$，$\overline{S}=1$ 时，触发器保持原来的状态。

（4）当 $\overline{R}=0$，$\overline{S}=0$ 时，触发器的输出为 $Q=1$，$\overline{Q}=1$，不满足 Q，$\overline{Q}$ 互补的条件。因此，在正常工作时，输入信号应遵守 $\overline{R}+\overline{S}=1$ 的约束条件，即不允许输入 $\overline{R}=\overline{S}=0$ 的信号。

2. D 触发器

在输入信号为单端的情况下，D 触发器应用起来最为方便。其状态方程为 $Q^{n+1}=D$，其输出状态的更新发生在 CP 脉冲的上升沿，故其又被称为上升沿触发的边沿触发器，其状态只取决于时钟到来前 D 端的状态。D 触发器的应用很广，可用作数字信号的寄存、移位寄存、分频和波形发生等，且有很多种型号，如双 D 触发器（74LS74）、四 D 触发器（74LS175）、六 D 触发器（74LS174）等，可供各种用途使用。74LS74 的引脚如图 3-4-2 所示。

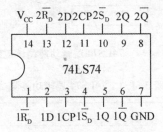

图 3-4-2　74LS74 的引脚图

3. JK 触发器

在输入信号为双端的情况下,JK 触发器是功能完善、使用灵活和通用性较强的一种触发器。本实验采用的双 JK 触发器(74LS112)是下降沿触发的边沿触发器。74LS112 的引脚如图 3-4-3 所示。

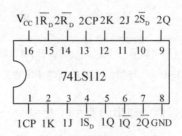

图 3-4-3　74LS112 的引脚图

五、实验内容与步骤

(1)D 触发器逻辑功能测试。

① 74LS74 为上升沿触发的双 D 触发器。将 74LS74 中的一个触发器按照图 3-4-4 进行接线。其中,$\overline{S}_D$,$\overline{R}_D$,D 端分别接到 3 个逻辑开关上;CP 端接单脉冲;Q,$\overline{Q}$ 输出端分别接发光二极管;V_{CC} 和 GND 分别接 5 V 和地。检查接线无误后,接通电源,观察 Q(上升沿触发),并将其结果填入表 3-4-1 中。

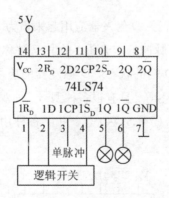

图 3-4-4　74LS74 逻辑功能测试电路图

表 3-4-1　74LS74 逻辑功能测试

$\overline{S}_D$	$\overline{R}_D$	D	CP	Q^{n+1}
0	1	×	×	
1	0	×	×	
1	1	0	1	
1	1	1	1	

② CP 端接一定频率的时钟脉冲,将 $\overline{Q}$ 端与 D 端相连,使触发器处于计数状态。观察并记录 Q 端和 CP 端的波形,注意比较 2 个波形间的对应关系。

(2)JK 触发器逻辑功能测试。

74LS112 为下降沿触发的双 JK 触发器。在 74LS112 中加一个触发器并按照图 3-4-5 进行接线。其中,将 $\overline{S}_D$,$\overline{R}_D$,J,K 端分别接到 4 个逻辑开关上;CP 端接单脉冲;Q,$\overline{Q}$ 输出端分别接发光二极管;V_{CC} 和 GND 分别接 5 V 和地。检查接线无误后,接通电源,观察 Q(下降沿触发),并将其结果填入表 3-4-2 中(表中 Q^n 由 $\overline{S}_D$,$\overline{R}_D$ 完成状态设置)。

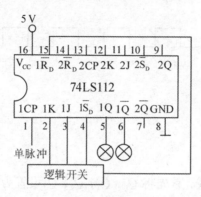

图 3-4-5 74LS112 逻辑功能测试电路图

表 3-4-2 74LS112 逻辑功能测试

$\overline{S}_D$	$\overline{R}_D$	CP	J	K	Q^n	Q^{n+1}
0	1	×	×	×	×	
1	0	×	×	×	×	
1	1	↓	0	0	0	
1	1	↓	0	0	1	
1	1	↓	0	1	0	
1	1	↓	0	1	1	
1	1	↓	1	0	0	
1	1	↓	1	0	1	
1	1	↓	1	1	0	
1	1	↓	1	1	1	

(3)用 JK 触发器和 D 触发器分别实现 T′ 触发器,画出逻辑电路图,并接线检验结果。输入端 CP 接连续脉冲 1 Hz,输入端和输出端同时接 LED,观察结果,并画出输出波形图。

① 逻辑电路图：

② 波形图：

（4）按照图 3-4-6 接线，首先将 Q_0，Q_1，Q_2，Q_3 设置为 0，0，0，0；然后加入 8 个 CP 脉冲，将观察到的 Q_0，Q_1，Q_2，Q_3 状态的变化情况记录下来，将实验结果填入表 3-4-3 中，并说明该逻辑电路的功能。

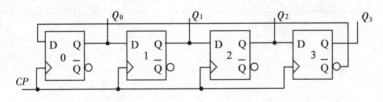

图 3-4-6 接线图（一）

表 3-4-3 状态表（一）

CP 个数	Q_0	Q_1	Q_2	Q_3
0	0	0	0	0
1（↑）				
2（↑）				
3（↑）				
4（↑）				
5（↑）				
6（↑）				
7（↑）				
8（↑）				

图 3-4-6 所示逻辑电路的功能：_____

（5）按照图 3-4-7 接线，将输出端分别接 LED 和数码显示器件。首先将 Q_2，Q_1，Q_0 设置为 0，0，0；然后加入 8 个 CP 脉冲，将观察到的 Q_2，Q_1，Q_0 状态的变化情况记录下来，将实验结果填入表 3-4-4 中，并说明该逻辑电路的功能。

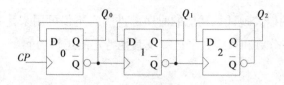

图 3-4-7　接线图（二）

表 3-4-4　状态表（二）

CP 个数	Q_2	Q_1	Q_0	数码管字形
0	0	0	0	
1(↑)				
2(↑)				
3(↑)				
4(↑)				
5(↑)				
6(↑)				
7(↑)				
8(↑)				

图 3-4-7 所示逻辑电路的功能：＿＿＿＿＿＿＿＿＿＿＿＿＿＿＿＿＿＿＿＿＿＿

六、分析与讨论

（1）触发器中的 $\overline{S}_D$，$\overline{R}_D$ 端的名称是什么？它们各自的功能有哪些？使用注意事项是什么？

（2）T′ 触发器输出端和输入端之间的频率关系是什么？T′ 触发器又称作什么电路？

七、实验报告要求

（1）按照实验要求记录、整理实验数据，并对实验结果进行分析。

（2）总结触发器电路的分析方法。

（3）根据给出的连线图，写出各输出的状态方程。

（4）完成分析与讨论内容。

（5）总结实验中出现的问题和解决办法。

实验五 集成计数器的应用

计数器是一个用以实现计数功能的时序部件。它不仅可用来计数脉冲数，而且常用作数字系统的定时、分频和执行数字运算及其他特定的逻辑功能。

一、实验目的

（1）掌握加法计数器的功能。

（2）掌握用集成芯片构成任意进制计数器的方法。

二、预习要求

（1）熟悉计数器工作原理等内容。

（2）掌握集成计数器 74LS161/74LS160 的逻辑功能，并画出其状态表。

（3）掌握计数器设计的相关内容，用 74LS161/74LS160 设计 N 进制计数器电路图，并画出实验用状态表。

（4）采用 74LS160 及 74LS20 设计六十进制计数器，绘制连线图。

三、实验器材

（1）数字电子技术实验箱。

（2）集成块：74LS00，74LS04，74LS160，74LS161。

四、实验原理

1. 集成计数器

74LS161 是四位二进制同步计数器，即十六进制计数器；74LS160 是十进制计数器，具有异步清零和同步置数功能。74LS161/74LS160 有 2 个计数器工作状态控制端 CT_P，CT_T：当 $CT_P = 1$ 且 $CT_T = 1$ 时，允许计数器进行正常计数；而当 CT_P，CT_T 中有一个为 0 时，计数器禁止计数，保持原有计数状态。

（1）异步清零的作用：当 $\overline{CR} = 0$ 时，计数器立即清零。

（2）同步置数的作用：当 $\overline{CR} = 1$，$\overline{LD} = 0$ 时，在 CP 上升沿到来时，并行输入数据 $D_0 \sim D_3$ 到计数器，使 $Q_3^{n+1} Q_2^{n+1} Q_1^{n+1} Q_0^{n+1} = d_3 d_2 d_1 d_0$。

74LS161/74LS160 的状态如表 3-5-1 所列，其引脚如图 3-5-1 所示。

表 3-5-1 74LS161/74LS160 的状态表

输入									输出
CP	$\overline{CR}$	$\overline{LD}$	CT_P	CT_T	D_0	D_1	D_2	D_3	$Q_3^{n+1}Q_2^{n+1}Q_1^{n+1}Q_0^{n+1}$
×	0	×	×	×	×	×	×	×	异步全"0"，清零
↑	1	0	×	×	d_0	d_1	d_2	d_3	预置数据
↑	1	1	1	1	×	×	×	×	加 1 计数
×	1	1	0	×	×	×	×	×	保持
×	1	1	×	0	×	×	×	×	保持

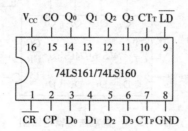

图 3-5-1 74LS161/74LS160 的引脚图

2. 利用一片中规模集成计数器构成 N 进制计数器

比如，用一片 74LS161 设计六进制（$N=6$）计数器，具体方法有以下 2 种。

（1）归零法。又叫复位法，即利用计数器的清零端将计数器复位的一种方法。由于 74LS161/74LS160 是异步清零复位，因此，复位的数值应等于进制数。

其设计步骤如下：

① 写出状态 S_N 的二进制代码；

② 求归零逻辑表达式，即清零信号表达式；

③ 画连线图。

归零法逻辑电路如图 3-5-2 所示。

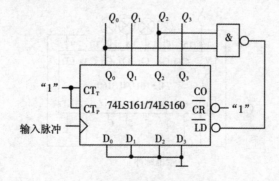

图 3-5-2 归零法逻辑电路图

（2）置数法。就是利用计数器的置数端将计数器数据端的数据送到输出端的一种方法。由于74LS161/74LS160是同步置数的，因此，置数控制端的控制信号应等于进制数减1。

其设计步骤如下：

① 写出状态 S_{N-1} 的二进制代码；

② 求归零逻辑表达式，即清零信号表达式；

③ 画连线图。

置数法逻辑电路如图3-5-3所示。

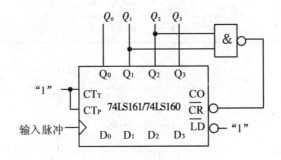

图3-5-3　置数法逻辑电路图

用一片74LS161可以获得16以内的各种进制的计数电路。如果把74LS161电路多级连接后，可以获得任意数进制计数电路。如果将两片74LS161级联，可以设计256以内的任意数进制计数电路。

用一片74LS160可以获得10以内的各种进制计数电路。其设计方法与74LS161的相同。如果把74LS160电路多级连接后，可以获得任意数进制计数电路。如果将两片74LS160级联，可以设计100以内的任意数进制计数电路。

五、实验内容与步骤

1. 集成计数器的逻辑功能测试

（1）实验电路。74LS161逻辑功能测试电路如图3-5-4所示。

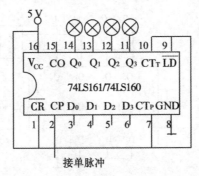

图3-5-4　74LS161逻辑功能测试电路图

（2）按照图3-5-4连接电路。CP脉冲输入端接实验板上的单脉冲端，输出端接发光二极管，$\overline{CR}$，$\overline{LD}$，CT_P，CT_T 端接 V_{CC}。

（3）依次输入单脉冲，观察输出结果，将实验数据记入表3-5-2中。

表3-5-2　74LS161逻辑功能测试表

CP	Q_3^n	Q_2^n	Q_1^n	Q_0^n	Q_3^{n+1}	Q_2^{n+1}	Q_1^{n+1}	Q_0^{n+1}
1								
2								
3								
4								
5								
6								
7								
8								
9								
10								
11								
12								
13								
14								
15								
16								

（4）按照74LS161集成计数器的验证思路，验证十进制计数器（74LS160）的逻辑功能，并将实验数据记入表3-5-3中。

表3-5-3　74LS160逻辑功能测试表

CP	Q_3^n	Q_2^n	Q_1^n	Q_0^n	Q_3^{n+1}	Q_2^{n+1}	Q_1^{n+1}	Q_0^{n+1}
1								
2								
3								
4								
5								
6								
7								
8								
9								
10								

2. 利用集成计数器芯片实现 N 进制计数器

（1）用 74LS160 的清零端构成八进制计数器。写出设计思路，画出逻辑电路图，把输出端分别接发光二极管 LED 和显示数码管，观测计数状态，记录状态并填写表 3-5-4。

① 设计思路：

② 逻辑电路图：

③ 功能测试表：

表 3-5-4 八进制计数器逻辑功能测试表

CP	Q_3^n	Q_2^n	Q_1^n	Q_0^n
1	0	0	0	0
2				
3				
4				
5				
6				
7				
8				
9				

（2）用 74LS161 的置数端构成十二进制计数器。写出设计思路，画出逻辑电路图，把输出端分别接发光二极管 LED 和显示数码管，观测计数状态，记录状态并填写表 3-5-5。

① 设计思路：

② 逻辑电路图：

③ 功能测试表：

表 3-5-5 十二进制计数器逻辑功能测试表

CP	Q_3^n	Q_2^n	Q_1^n	Q_1^n
1	0	0	0	0
2				
3				
4				
5				
6				
7				
8				
9				
10				
11				
12				
13				

（3）选用两片集成计数器设计 1 个六十进制计数器。写出设计思路，画出逻辑电路图，把输出端分别接发光二极管 LED 和显示数码管，观测计数状态，检验设计和接线是否正确。

① 设计思路：

② 逻辑电路图：

六、分析与讨论

（1）集成计数器 74LS160 和 74LS161 清零端及置数端的区别有哪些？描述各自功能。

（2）如果构成数字钟分和秒的六十进制计数器，是否可以选用 74LS161？说明其原因。

（3）如果构成二百进制计数器，选用 74LS160 或 74LS161，分别需要几片芯片？

七、实验报告要求

（1）画出测试电路的接线图。

（2）整理实验数据，填写实验数据表。

（3）分析实验数据，得出电路的逻辑功能，画出状态转换图。

（4）完成分析与讨论内容。

（5）记录在实验中遇到的故障问题及解决办法。

实验六　移位寄存器的应用

寄存器是计算机和其他数字系统中用来存储代码或数据的逻辑器件，其主要组合部分是触发器。1 个触发器能存储一位二进制代码，所以要存储 n 位二进制代码的寄存器就需用 n 个触发器。

移位寄存器除了具有存储代码的功能外，还具有移位功能。所谓"移位"，是指寄存器中存储的代码能在移位脉冲的作用下依次左移或右移。因此，移位寄存器不仅可以用来寄存代码，还可以用来实现数据串行/并行转换、数值的运算及数据处理等。根据移位方向，移位寄存器常分为左移寄存器、右移寄存器和双向移位寄存器 3 种。根据移位寄存器存取信息的方式不同，移位寄存器可分为串入串出、串入并出、并入串出、并入并出4种形式。移位寄存器的应用范围很广，可构成移位寄存器型计数器、序列信号发生器、串行累加器等。

一、实验目的

（1）掌握中规模集成四位双向移位寄存器（74LS194）的逻辑功能及使用方法。
（2）掌握用移位寄存器构成环形计数器的原理。

二、预习要求

（1）复习寄存器串行及并行转换器的相关内容。
（2）掌握集成四位双向移位寄存器（74LS194）的逻辑功能及其引脚排列。

三、实验器材

（1）数字电子技术实验箱。
（2）集成块：74LS04，74LS194。

四、实验原理

74LS194 具有双向移位、并行输入、保持数据和清除数据等功能，其引脚如图 3-6-1 所示。其中，$\overline{R_D}$ 为异步清零端，优先级别最高；M_1，M_0 为工作方式控制输入端；D_{SL}，D_{SR} 分别是左移、右移时的串行输入端；D_0，D_1，D_2，D_3 是并行输入端；Q_0，Q_3 分别是左移、右移时的串行输出端；Q_0，Q_1，Q_2，Q_3 为并行输出端。74LS194 的真值表如表 3-6-1 所列。

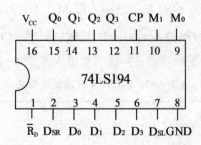

图 3-6-1　74LS194 的引脚图

表 3-6-1　74LS194 的真值表

输入										输出				工作模式
清零	控制		串行输入		时钟	并行输入					输出				
$\overline{R}_D$	M_1	M_0	D_{SL}	D_{SR}	CP	D_0	D_1	D_2	D_3	Q_0	Q_1	Q_2	Q_3	
0	×	×	×	×	×	×	×	×	×	0	0	0	0	异步清零
1	0	0	×	×	×	×	×	×	×	Q_0^n	Q_1^n	Q_2^n	Q_3^n	保持
1	0	1	×	1	↑	×	×	×	×	D_{SR}	Q_0^n	Q_1^n	Q_2^n	右移
1	1	0	1	×	↑	×	×	×	×	Q_1^n	Q_2^n	Q_3^n	D_{SL}	左移
1	1	1	×	×	↑	D_0	D_1	D_2	D_3	D_0	D_1	D_2	D_3	并行置数

由表 3-6-1 中可以看出，74LS194 具有如下功能。

① 异步清零。当 $\overline{R}_D=0$ 时清零，与其他输入状态及 CP 无关。

② 当 $\overline{R}_D=1$ 时，74LS194 有如下 4 种工作方式。

❖ 当 $M_1M_0=00$ 时，不论有无 CP，各触发器保持原来的工作状态。

❖ 当 $M_1M_0=01$ 时，在 CP 的上升沿作用下，实现右移操作，流向是 $D_{SR}{\rightarrow}Q_0{\rightarrow}Q_1{\rightarrow}Q_2{\rightarrow}Q_3$。

❖ 当 $M_1M_0=10$ 时，在 CP 的上升沿作用下，实现左移操作，流向是 $D_{SL}{\rightarrow}Q_3{\rightarrow}Q_2{\rightarrow}Q_1{\rightarrow}Q_0$。

❖ 当 $M_1M_0=11$ 时，在 CP 的上升沿作用下，实现置数操作，$D_0{\rightarrow}Q_0$，$D_1{\rightarrow}Q_1$，$D_2{\rightarrow}Q_2$，$D_3{\rightarrow}Q_3$，即 $Q_3Q_2Q_1Q_0=D_3D_2D_1D_0$。

五、实验内容与步骤

1. 测试 74LS194 的功能

如图 3-6-1 所示，将清零端 $\overline{R}_D$ 和控制输入端 M_1，M_0 接高低电平，串行数码输入端 D_{SR}~D_{SL} 接高低电平，并行数码输入端 D_0~D_3 接数据开关，CP 端接单次脉冲，输出端接 LED，按照表 3-6-1 测试其逻辑功能，并将结果填入表 3-6-2 中。

表 3-6-2　74LS194 逻辑功能测试

输入										输出				工作模式
清零	控制		串行输入		时钟	并行输入					输出				
$\overline{R}_D$	M_1	M_0	D_{SL}	D_{SR}	CP	D_0	D_1	D_2	D_3	Q_0	Q_1	Q_2	Q_3	
0	×	×	×	×	×	×	×	×	×	0	0	0	0	
1	0	0	×	×	×									
1	0	1	×	1	↑	×	×	×	×					
			×	0	↑	×	×	×	×					

表3-6-2(续)

输入										输出				工作模式
清零	控制		串行输入		时钟	并行输入								
$\overline{R_D}$	M_1	M_0	D_{SL}	D_{SR}	CP	D_0	D_1	D_2	D_3	Q_0	Q_1	Q_2	Q_3	
1	1	0	1	×	↑	×	×	×	×					
			0	×	↑	×	×	×	×					
1	1	1	×	×	↑									

2. 环形计数器

把移位寄存器的输出反馈到其串行输入端，就可以进行循环移位。画出其逻辑电路图，观测计数状态，并画出状态转换图。

① 逻辑电路图：

② 状态转换图：

3. 扭环形计数器

为了增加有效计数状态，扩大计数器的模，只需将最末级输出反相后接到串行输入端，构成扭环形计数器。N 位移位寄存器可构成 $2N$ 扭环形计数器。试用 74LS194 设计一个左移扭环形计数器，画出其逻辑电路图，观测计数状态，并画出状态转换图。

① 逻辑电路图：

② 状态转换图：

六、分析与讨论

环形计数器和扭环形计数器可以实现计数的模值是多少？如何设计能够使其自动计数？

七、实验报告要求

(1)画出测试电路的接线图。

(2)整理实验数据，填写实验数据表。

(3)分析实验数据，得出电路的逻辑功能，画出状态转换图。

(4)完成分析与讨论内容。

(5)记录在实验中遇到的故障问题及解决办法。

实验七　顺序脉冲发生器和序列发生器

一、实验目的

(1)掌握顺序脉冲发生器的设计方法。

(2)掌握序列发生器的设计方法。

二、实验器材

(1)数字电子技术实验箱。

(2)集成块：74LS20，74LS138，74LS161。

三、预习要求

(1)复习计数器、译码器的逻辑功能。

(2)复习脉冲发生器和序列发生器的实现方法。

四、实验内容与步骤

(1)选择计数器和译码器，构成8路顺序脉冲发生器(其电路见图3-7-1)，把输出端接发光二极管 LED，观测 8 个 LED 的状态，并将状态转换情况记录在表3-7-1中。

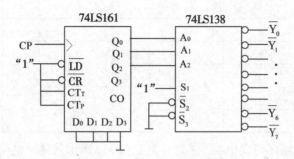

图 3-7-1 8 路顺序脉冲发生器逻辑电路图

表 3-7-1 状态转换(8 路顺序脉冲发生器)

CP 个数	Q_2	Q_1	Q_0	$\overline{Y}_0$	$\overline{Y}_1$	$\overline{Y}_2$	$\overline{Y}_3$	$\overline{Y}_4$	$\overline{Y}_5$	$\overline{Y}_6$	$\overline{Y}_7$
0											
1(↑)											
2(↑)											
3(↑)											
4(↑)											
5(↑)											
6(↑)											
7(↑)											
8(↑)											

(2)参照图3-7-1，设计一个6路顺序发生器，画出其逻辑电路图，并将状态转换情况记录在表3-7-2中。

① 逻辑电路图：

② 状态转换表：

表 3-7-2　状态转换表（6 路顺序发生器）

CP 个数	Q_2	Q_1	Q_0	$\overline{Y}_0$	$\overline{Y}_1$	$\overline{Y}_2$	$\overline{Y}_3$	$\overline{Y}_4$	$\overline{Y}_5$	$\overline{Y}_6$	$\overline{Y}_7$
0											
1(↑)											
2(↑)											
3(↑)											
4(↑)											
5(↑)											
6(↑)											

（3）设计一个 6 路序列发生器，序列号为 110100，画出其逻辑电路图，将其结果填在表 3-7-3 中，并画出波形图。

① 逻辑电路图：

② 状态转换表：

表 3-7-3　状态转换表（6 路序列发生器）

CP 个数	Q_2	Q_1	Q_0	Y
0				
1(↑)				
2(↑)				
3(↑)				
4(↑)				
5(↑)				
6(↑)				

③ 波形图：

五、分析与讨论

如果要构成 12 路顺序脉冲发生器，那么需要选用几片 74LS138？计数器最好是选用 74LS160 还是 74LS161？为什么？

六、实验报告要求

(1)整理实验数据，填写实验数据表，绘制相应逻辑电路图。
(2)完成分析与讨论内容。
(3)记录在实验中遇到的故障问题及解决办法。

第四章　数字电子技术仿真实验

实验一　逻辑门电路仿真

一、实验目的

(1)熟悉基本元器件的选取和电路的连接方法。

(2)学习 NI Multisim 12 中单刀双掷开关的使用方法。

(3)加深对各种门电路逻辑功能的记忆。

二、预习要求

(1)复习与门、或门、非门的逻辑功能。

(2)仔细阅读第二章第二节"五、仪器仪表库"中的相关内容,掌握虚拟仪器的使用方法。

三、实验仪器

一台装有 NI Multisim 12 软件的计算机。

四、实验内容与步骤

1. 测试与门的逻辑功能

与门逻辑功能的测试电路如图 4-1-1 所示。测试时,打开仿真开关,输入高电平由 5 V 电源提供,输入低电平由数字地提供,高低电平的切换用开关完成,输出信号用逻辑探针测试,且输出高电平时探针发光。将与门逻辑功能的测试结果填入表 4-1-1 中。

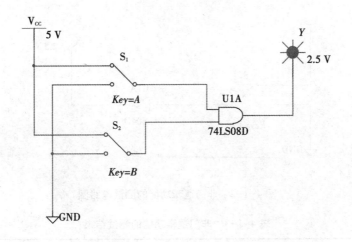

图 4-1-1　与(或)门逻辑功能的测试电路图

表 4-1-1　与门逻辑功能的测试结果

输入 A	输入 B	输出 Y
0	0	
0	1	
1	0	
1	1	

2. 测试或门的逻辑功能

或门逻辑功能的测试电路如图 4-1-1 所示,该测试过程同上述与门的测试过程,将测试结果填入表 4-1-2 中。

表 4-1-2　或门逻辑功能的测试结果

输入 A	输入 B	输出 Y
0	0	
0	1	
1	0	
1	1	

3. 测试非门的逻辑功能

非门逻辑功能的测试电路如图 4-1-2 所示,该测试过程同上述与门的测试过程,将测试结果填入表 4-1-3 中。

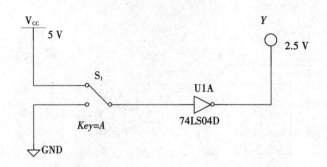

图 4-1-2 非门逻辑功能的测试电路图

表 4-1-3 非门逻辑功能的测试结果

输入 A	输出 Y
0	
1	

实验二 组合逻辑电路仿真

组合逻辑电路的设计是根据实际的逻辑问题，通过写出其真值表和逻辑表达式，找到实现这个逻辑电路的器件，再将它们组合在一起实现逻辑功能。

一、实验目的

(1)掌握组合逻辑电路的分析和设计方法。

(2)学会用门电路实验逻辑函数。

二、实验仪器

一台装有 NI Multisim 12 软件的计算机。

三、实验内容与步骤

1. 分析组合逻辑电路

分析如图 4-2-1 所示电路的逻辑功能。

首先将电路的输入端 A，B 接到逻辑转换器的 A，B 输入端，电路的输出端 Y 接到逻辑转换器的输出端，如图 4-2-2 所示。

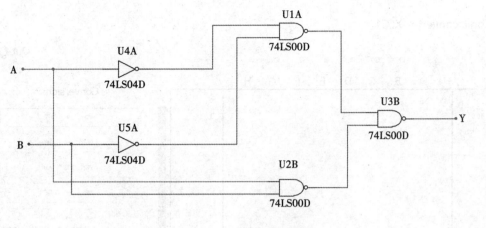

图 4-2-1　组合逻辑电路图

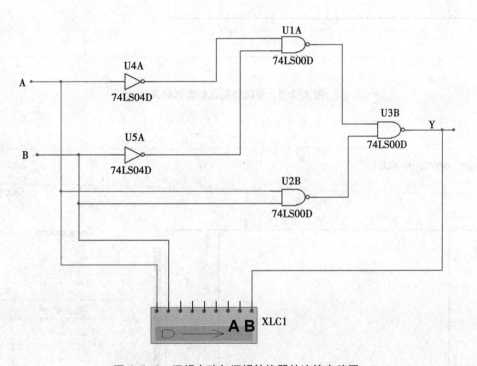

图 4-2-2　逻辑电路与逻辑转换器的连接电路图

　　然后双击"逻辑转换器"图标，当出现控制面板后，按下"电路图到真值表"按钮（ ⊙ → TOT ），即可得出该电路的测试结果，如图 4-2-3 所示；再按下"真值表到最简表达式"按钮（ TOT ¹⁰¹ʳ AB ），即可得到所求的最简表达式，如图 4-2-4 所示。该逻辑电路的表达式为 $F=\overline{A}\,\overline{B}+AB$，即该逻辑电路实现的是同或逻辑关系。

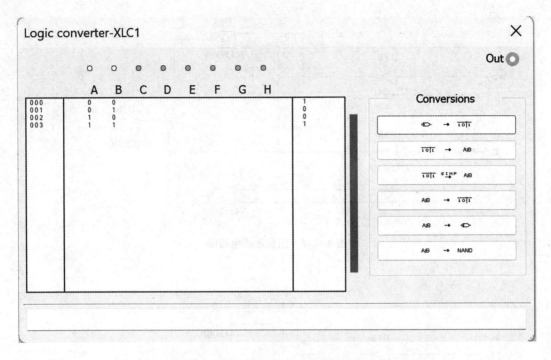

图 4-2-3　逻辑转换器的测试结果

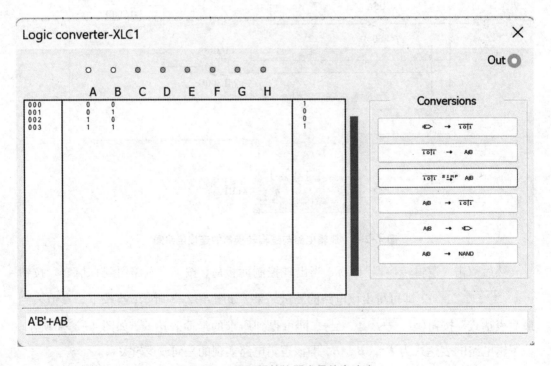

图 4-2-4　用逻辑转换器求最简表达式

2. 设计组合逻辑电路

要求用 74LS00 设计三人表决器逻辑电路。当 A，B，C 三人表决某个提案时，两人或两人以上同意，提案通过；否则，提案不通过。

(1)设 A，B，C 三人为输入变量，同意提案时用输入"1"表示，不同意时用输入"0"表示；表决结果 Y 为输出变量，提案通过用输出"1"表示，提案不通过用输出"0"表示。

(2)根据题意列出表 4-2-1。

表 4-2-1　三人表决器的真值表

A	B	C	输出 Y
0	0	0	0
0	0	1	0
0	1	0	0
0	1	1	1
1	0	0	0
1	0	1	1
1	1	0	1
1	1	1	1

根据表 4-2-1 写出逻辑表达式并化简：

$$F = \overline{A}BC + A\overline{B}C + AB\overline{C} + ABC$$
$$= AB + BC + CA$$
$$= \overline{\overline{AB + BC + CA}}$$
$$= \overline{\overline{AB} \cdot \overline{BC} \cdot \overline{CA}}$$

(3)根据化简后的逻辑表达式画逻辑电路图，并用 NI Multisim 12 绘制逻辑电路图，对电路进行验证。组合逻辑仿真设计电路如图 4-2-5 所示。

运行仿真检测，生成逻辑功能真值表(如图 4-2-6 所示)，若该表与表 4-2-1 一致，则图 4-2-5 所示电路符合设计要求。

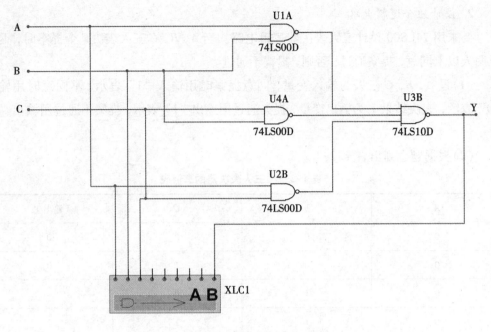

图 4-2-5　组合逻辑仿真设计电路图

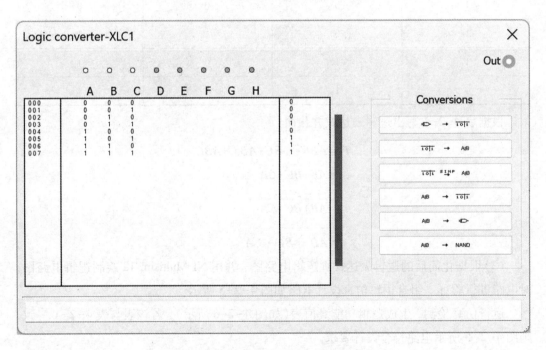

图 4-2-6　逻辑转换器分析的逻辑功能

实验三　用中规模集成电路设计组合逻辑电路仿真

一、实验目的

(1)掌握组合逻辑电路的分析和设计方法。

(2)学会使用常用中规模集成元器件实现逻辑功能。

二、预习要求

(1)复习组合逻辑电路的设计方法。

(2)复习译码器和数据选择器的性能与使用方法。

(3)绘制实验电路的接线图。

三、实验仪器

一台装有 NI Multisim 12 软件的计算机。

四、实验内容与步骤

1. 用 3 线–8 线译码器(74LS138)实现逻辑函数

试用译码器 74LS138 实现以下逻辑函数：

$$F(A, B, C) = \sum m(3, 5, 6, 7) \tag{4-3-1}$$

建立如图 4-3-1 所示的电路。由 A，B，C 三线提供地址输入信号，分别通过开关接到 5 V 电源或地端；控制端 G2A，G2B 接低电平，G1 接高电平；输出信号的状态由探针监视。打开仿真开关，用键盘上的 A，B，C 按键控制开关以提供不同的输入，观察输出信号与输入信号的对应关系。

2. 用数据选择器 74LS151 实现逻辑函数

试用数据选择器74LS151实现以下逻辑函数：

$$F(A, B, C) = \sum m(3, 5, 6, 7) \tag{4-3-2}$$

用 74LS151 实现逻辑函数的电路如图 4-3-2 所示。由 A，B，C 三线提供地址输入信号，分别通过开关接到 5 V 电源或地端；控制端 G 接低电平；数据输入端 D_0，D_1，D_2，D_4 接低电平，D_3，D_5，D_6，D_7 接高电平；输出信号的状态由探针监视。用键盘上的 A，B，C 按键控制开关以提供不同的输入，观察输出信号与输入信号的对应关系。

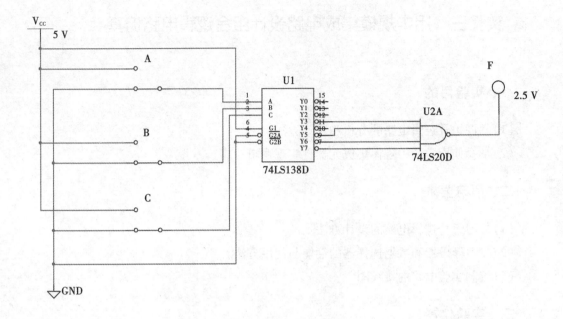

图 4-3-1　用 74LS138 实现逻辑函数的电路图

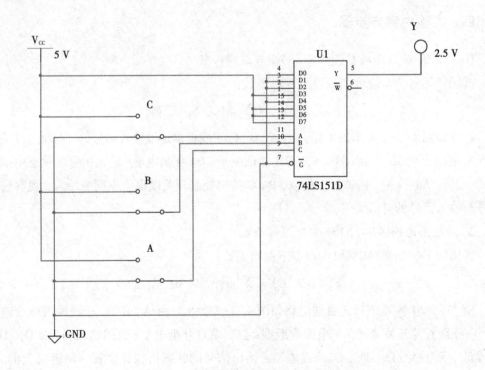

图 4-3-2　用 74LS151 实现逻辑函数的电路图

3. 应用案例

用译码器 74LS138(或数据选择器 74LS151)设计一个四人表决电路: A 为主裁判, B, C, D 为副裁判。只有在主裁判同意的前提下, 3 名副裁判中多数同意, 比赛成绩才被承认; 否则, 比赛成绩不予承认。要求列出真值表, 将结果填入表 4-3-1 中(同意为"1", 不同意为"0"; 承认为"1", 不承认为"0"), 用 NI Multisim 12 画出逻辑电路图, 分别用一片 74LS138 和一片 74LS151 实现逻辑功能的仿真电路, 并检验实验结果。

(1)真值表。

表 4-3-1　四人表决电路的真值表

A	B	C	D	Y
0	0	0	0	
0	0	0	1	
0	0	1	0	
0	0	1	1	
0	1	0	0	
0	1	0	1	
0	1	1	0	
0	1	1	1	
1	0	0	0	
1	0	0	1	
1	0	1	0	
1	0	1	1	
1	1	0	0	
1	1	0	1	
1	1	1	0	
1	1	1	1	

(2)仿真电路图。

方案一: 用一片 74LS138 实现逻辑函数,其仿真电路如图 4-3-3 所示。

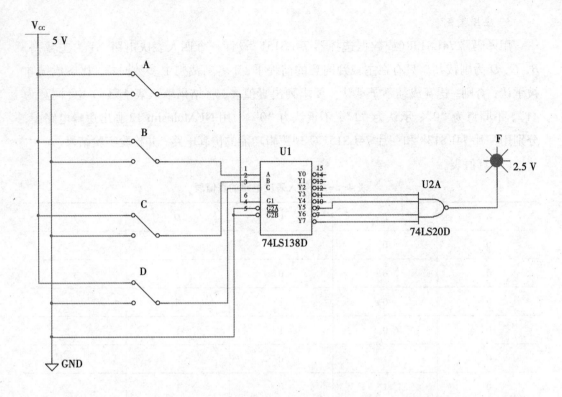

图 4-3-3　用一片 74LS138 实现逻辑函数的仿真电路图

方案二：用一片 74LS151 实现逻辑函数，其仿真电路如图 4-3-4 所示。

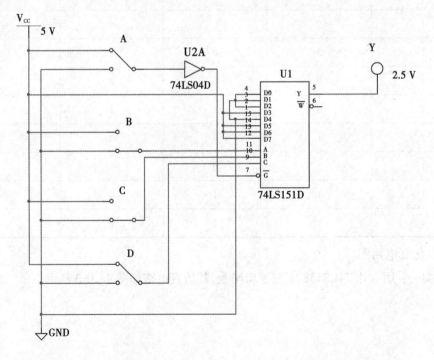

图 4-3-4　用一片 74LS151 实现逻辑函数的仿真电路图

实验四　触发器仿真

触发器是时序逻辑电路的基本单元，有 2 个稳定的工作状态："0"状态或"1"状态。在触发信号的作用下，可以置成"1"或"0"状态，并且在触发信号消失后，已置换的状态可以长期保持稳定，具有记忆功能。

一、实验目的

(1)掌握触发器的测试方法。
(2)掌握触发器的逻辑功能及触发方式。

二、预习要求

(1)复习 D 触发器和 JK 触发器的性能和使用方法。
(2)复习 NI Multisim 12 中数码管的使用方法。

三、实验仪器

一台装有 NI Multisim 12 软件的计算机。

四、实验内容与步骤

1. 集成边沿双 D 触发器(74LS74)逻辑功能仿真测试

集成边沿双 D 触发器(74LS74)由 2 个独立的上升沿触发的边沿 D 触发器组成，并设置异步置位端($\overline{S}_D$)和复位端($\overline{R}_D$)。其测试电路如图 4-4-1 所示。输入信号的高电平由 5 V 电源提供，低电平由地信号提供，高低电平的转换用开关切换，置位端和复位端均接高电平，时钟信号由时钟脉冲提供，频率设为 200 Hz，输出信号接逻辑分析仪。测试时，打开仿真开关，将测试结果填入表 4-4-1 中。$D=1$ 时的输出波形与时钟脉冲波形如图 4-4-2 所示。

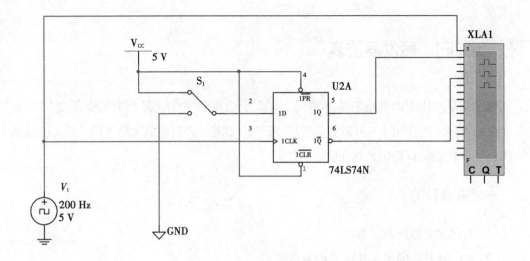

图 4-4-1　集成边沿双 D 触发器(74LS74)逻辑功能测试电路图

表 4-4-1　集成边沿双 D 触发器(74LS74)逻辑真值表

$\overline{S}_D$	$\overline{R}_D$	D	CP	Q^{n+1}
0	1	×	×	
1	0	×	×	
1	1	0	↑	
1	1	1	↑	

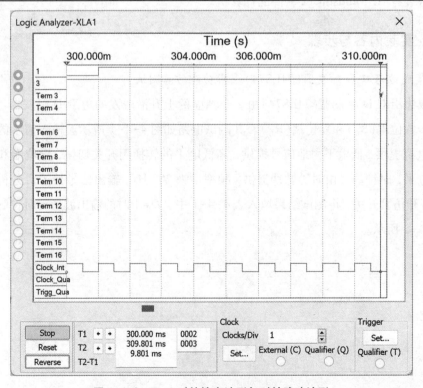

图 4-4-2　$D=1$ 时的输出波形与时钟脉冲波形

2. 集成边沿双 JK 触发器(74LS112)逻辑功能仿真测试

集成边沿双 JK 触发器(74LS112)由 2 个独立的下降沿触发的边沿 JK 触发器组成,并设置异步置位端($\overline{S}_D$)和复位端($\overline{R}_D$)。其测试电路如图 4-4-3 所示。输入信号的高电平由 5 V 电源提供,频率设为 200 Hz,输出信号接逻辑分析仪。测试时,打开仿真开关,将测试结果填入表 4-4-2 中。$J=K=1$ 时的输出波形与时钟脉冲波形如图 4-4-4 所示。

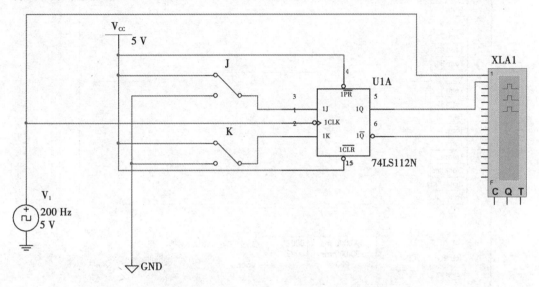

图 4-4-3　集成边沿双 JK 触发器逻辑功能测试电路图

表 4-4-2　集成边沿双 JK 触发器(74LS112)的特性表仿真测试结果

$\overline{S}_D$	$\overline{R}_D$	CP	J	K	Q^n	Q^{n+1}
0	1	×	×	×	×	
1	0	×	×	×	×	
1	1	↓	0	0	0	
1	1	↓	0	0	1	
1	1	↓	0	1	0	
1	1	↓	0	1	1	
1	1	↓	1	0	0	
1	1	↓	1	0	1	
1	1	↓	1	1	0	
1	1	↓	1	1	1	

111

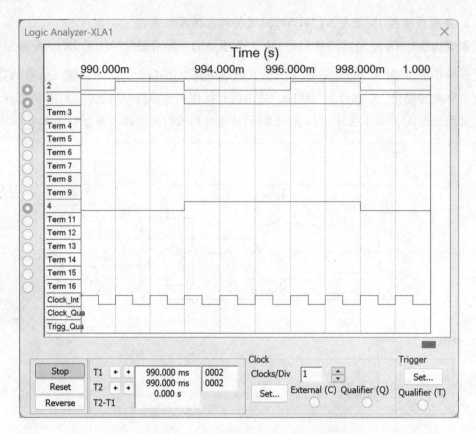

图 4-4-4 $J=K=1$ 时的输出波形与时钟脉冲波形

实验五 计数器仿真

计数是一种最简单、最基本的逻辑运算。计数器的种类有很多,按照计数器状态的转换是否受同一时钟控制,可将其分为同步计数器和异步计数器;按照计数过程中计数器的数值是递增还是递减,又可以将其分为加法计数器、减法计数器和加/减法计数器;按照计数器的计数进制,还可以将其分为二进制计数器、十进制计数器和任意进制计数器等。

一、实验目的

(1)掌握计数器的分析和设计方法。

(2)学会用触发器构成计数器。

(3)学会使用常用中规模集成电路构成任意进制的计数器。

二、实验仪器

一台装有 NI Multisim 12 软件的计算机。

三、预习要求

(1)熟悉计数器工作原理,用触发器构成计数器。

(2)掌握集成计数器 74LS161/74LS160 的逻辑功能,并画出其状态表。

(3)复习计数器设计的相关内容,用 74LS161/74LS160 设计 N 进制计数器电路图,并画出状态表。

四、实验内容与步骤

1. 同步计数器的分析

用触发器构成同步加法计数器,搭建如图 4-5-1 所示的仿真电路,将输出端分别接 LED 和数码显示器件。运行仿真,将仿真结果记录到表 4-5-1 中,并分析其逻辑功能。

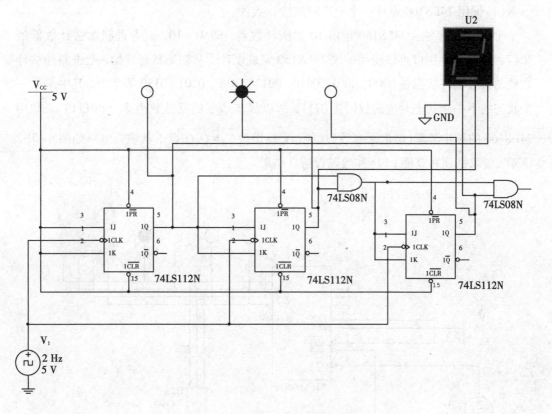

图 4-5-1 用触发器构成同步计数器仿真电路图

表 4-5-1 同步计数器仿真结果

CP 个数	Q_2	Q_1	Q_0	数码管字形
0				
1($\downarrow$)				
2($\downarrow$)				
3($\downarrow$)				
4($\downarrow$)				
5($\downarrow$)				
6($\downarrow$)				
7($\downarrow$)				
8($\downarrow$)				

2. 用集成计数器构成任意进制计数器仿真

利用集成计数器的反馈复位、置位、预置数等功能,采用级联法扩展容量、反馈清零、反馈置数等方法,强行中断原有计数顺序,进行清零或预置数。按照预制意愿组成新的计数循环,可快捷、方便地组成符合要求、多种形式、任意进制的计数器。

(1)试用 74LS160 设计一个七进制加法计数器。

① 反馈清零法。74LS160 是模 10 加法计数器,即 $M=10$,而七进制加法计数器的 $N=7$,则 $M>N$,所以可以使用一块 74LS160 完成设计。从初始状态开始,七进制加法计数器的有效循环状态是 0000,0001,0010,0011,0100,0101,0110 等 7 个,其中最后一个状态的下一个状态对应的数码是 0111,所以异步清零的反馈数为 $S_N=(0111)_2$。利用 74LS160 的异步清零(低电平有效)功能,有反馈数 $\overline{C_R}=\overline{Q_2Q_1Q_0}$,其仿真电路如图 4-5-2 所示,要求搭建并观测 LED 和数码管仿真结果。

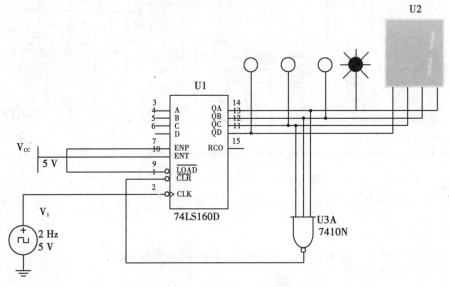

图 4-5-2 用反馈清零法设计的七进制加法计数器仿真电路图

② 反馈置数法。若设七进制加法计数器的有效循环状态是 0000，0001，0010，0011，0100，0101，0110 共 7 个，则设预置数输入 $D_3D_2D_1D_0$ 对应的预置数码为 0000，那么从 0000 开始，最后一个循环状态所对应的数码是 0110。所以，同步置数的反馈数为 $S_{N-1}=(7-1)_{10}=(0110)_2$。利用 74LS160 的同步置数（低电平有效）功能，有 $\overline{LD}=\overline{Q_2Q_1}$，其仿真电路如图 4-5-3 所示，要求搭建并观测 LED 和数码管仿真结果。

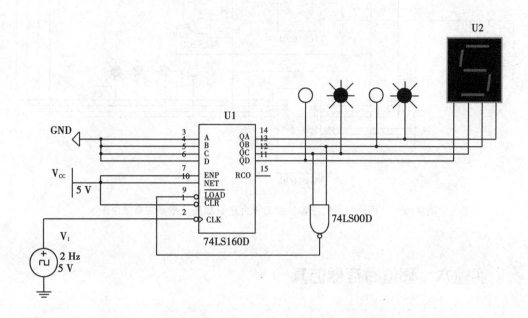

图 4-5-3　用反馈置数法设计的七进制加法计数器仿真电路图

（2）选用两片 74LS160 并用反馈置数法设计制作七十九进制加法计数器。设预置数输入 $D_7D_6D_5D_4D_3D_2D_1D_0$ 对应的预置数码为 00000000，则从 00000000 开始，最后一个循环状态所对应的数码是 $(01111000)_{8421BCD}$。所以，同步置数的反馈数为 $S_{N-1}=(78)_{10}=(01111000)_{8421BCD}$。利用 74LS160 的同步置数（低电平有效）功能，有 $\overline{LD}=\overline{Q_6Q_5Q_4Q_3}$，其仿真电路如图 4-5-4 所示，要求搭建并观测 LED 和数码管仿真结果。

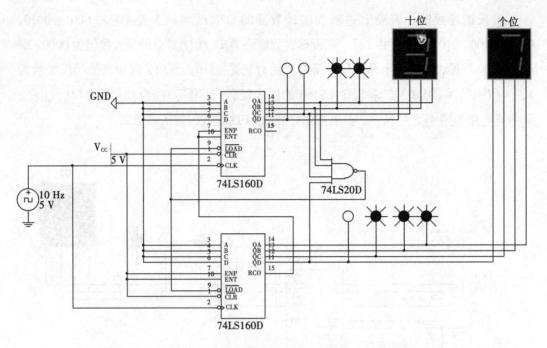

图 4-5-4　用反馈置数法设计的七十九进制加法计数器仿真电路图

实验六　移位寄存器仿真

　　具有寄存功能的电路称为寄存器。寄存器是一种基本时序电路,在各种数字系统中几乎无处不在。这是因为任何现代数字系统都必须把需要处理的数据、代码先寄存起来,以便随时取用。从电路组成上看,寄存器是由具有存储功能的触发器组合而成的,可以是基本触发器、同步触发器或边沿触发器,其电路结构比较简单。按照功能差别,常把寄存器分为两大类:基本寄存器和移位寄存器。基本寄存器的数据或代码只能并行输入寄存器中,需要时也只能并行输出。而移位寄存器中的代码或数据,在移位脉冲的操作下,可以一次逐位右移或左移,且数据或代码既可以并入并出,也可以串入串出,十分灵活,用途也很广泛。

一、实验目的

　　(1)掌握中规模四位双向移位寄存器(74LS194)的逻辑功能及使用方法。
　　(2)掌握用移位寄存器构成环形计数器的原理。

二、预习要求

　　(1)复习寄存器串行及并行转换器的相关内容。

（2）掌握 74LS194 的逻辑功能。

三、实验仪器

一台装有 NI Multisim 12 软件的计算机。

四、实验内容与步骤

1. 74LS194 逻辑功能检测仿真

在 TTL 门电路元器件库中选择 74LS194 及其他相关元器件，调入数字信号发生器、逻辑分析仪。74LS194 逻辑功能检测仿真电路如图 4-6-1 所示。

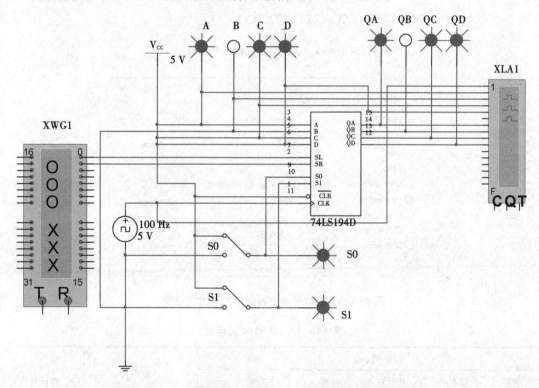

图 4-6-1 74LS194 逻辑功能检测仿真电路图

双击"数字信号发生器"设置数字显示方式为二进制数（Binary），频率设置为 100 Hz，在数据显示区末两位为"11"处单击鼠标右键，单击"Set Final Position"按钮以设置该数据为终止数据，另外设置数据控制方式为循环控制方式（Cycle），如图 4-6-2 所示。单击字信号发生器控制面板上的"Set"按钮，打开设置对话框，选择"Up counter"（递增编码方式）选项，再单击"OK"按钮完成设置，如图 4-6-3 所示。设置时钟脉冲源为 100 Hz，打开"仿真"开关，进行仿真实验。观测逻辑指示灯的显示状态和逻辑分析仪显示的输入、输出电压波形图，验证表 4-6-1 中的记录是否准确。

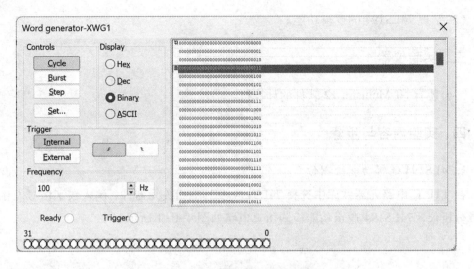

图 4-6-2　字信号发生器控制面板

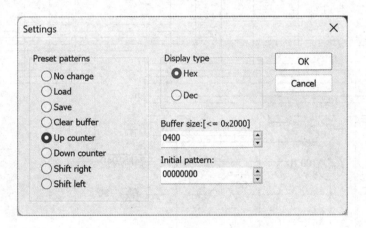

图 4-6-3　字信号发生器数据控制方式设置

表 4-6-1　74LS194 真值表

输入										输出				工作模式
清零	控制		串行输入		时钟	并行输入								
$\overline{R}_D$	M_1	M_0	D_{SL}	D_{SR}	CP	D_0	D_1	D_2	D_3	Q_0	Q_1	Q_2	Q_3	
0	×	×	×	×	×	×	×	×	×	0	0	0	0	异步清零
1	0	0	×	×	×	×	×	×	×	Q_0^n	Q_1^n	Q_2^n	Q_3^n	保持
1	0	1	×	1	↑	×	×	×	×	D_{SR}	Q_0^n	Q_1^n	Q_2^n	右移
1	1	0	1	×	↑	×	×	×	×	Q_1^n	Q_2^n	Q_3^n	D_{SL}	左移
1	1	1	×	×	↑	D_0	D_1	D_2	D_3	D_0	D_1	D_2	D_3	并行置数

2. 环形计数器仿真实验

环形计数器仿真电路如图 4-6-4 所示。先设置 $S_1S_0 = 11$，输入起始数据 $Q_AQ_BQ_CQ_D = 0100$，再设置 $S_1S_0 = 01$，实现右移，将输出的指示灯变化情况记录于表 4-6-2 中；然后

设置 $S_1 S_0 = 10$，实现左移，说明输出指示灯的变化情况。

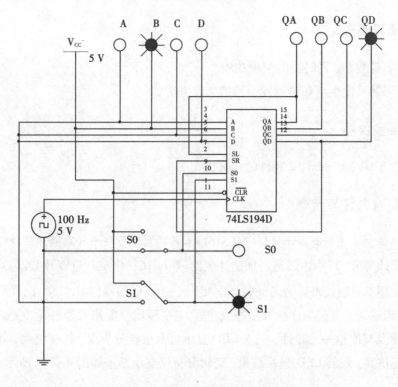

图 4-6-4　环形计数器仿真电路图

表 4-6-2　环形计数器实验记录表

CP 个数	Q_A	Q_B	Q_C	Q_D
0	0	1	0	0
1(↑)				
2(↑)				
3(↑)				
4(↑)				
5(↑)				
6(↑)				
7(↑)				
8(↑)				

实验七　顺序脉冲发生器和序列发生器仿真

一、实验目的

(1)掌握顺序脉冲发生器的设计方法。

（2）掌握序列发生器的设计方法。

二、预习要求

（1）复习计数器、译码器的逻辑功能。
（2）复习脉冲发生器和序列发生器的实现方法。

三、实验仪器

一台装有 NI Multisim 12 软件的计算机。

四、实验内容与步骤

1. 试用同步二进制加法计数器(74LS161)和译码器制作一个 8 路顺序脉冲信号发生器

分析设计要求，可将由二进制加法计数器(74LS161)组成八进制计数器 $Q_2Q_1Q_0$ 端输出的 3 位循环二进制代码作为地址码，输入 3 线-8 线译码器(74LS138)的译码地址输入端 $A_2A_1A_0$ 构成一个 8 路顺序脉冲信号发生器，在 TTL 门电路元器件库中选择 74LS161 和 74LS138 及其他相关元器件，调入 LED 显示灯及逻辑分析仪，连接电路，如图 4-7-1 所示。运行仿真，观测 LED 显示结果，逻辑分析仪显示结果如图 4-7-2 所示。

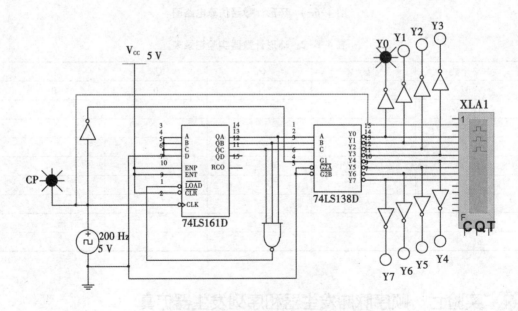

图 4-7-1　8 路顺序脉冲信号发生器仿真测试电路图

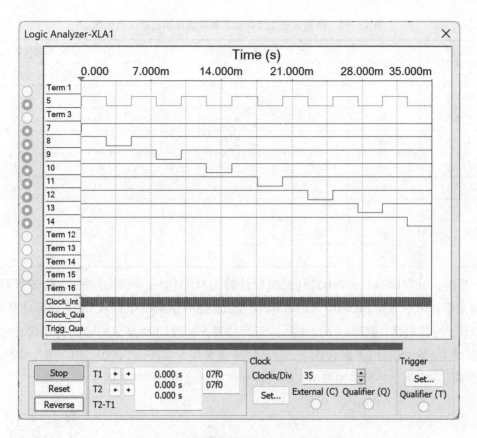

图4-7-2 时钟和输出信号仿真检测波形

为防止产生竞争冒险现象，在图4-7-1所示电路中，将时钟脉冲信号 CP 反相产生的 $\overline{CP}$ 作为选通信号加到74LS138的使能控制端 ST_A 上。当时钟脉冲 CP 上升沿（$CP=1$）到达时，计数器在计数状态下工作，与此同时，$\overline{CP}$ 为低电平（$\overline{CP}=0$），$ST_A=0$，使译码器封锁而停止工作。当时钟脉冲信号 CP 下降沿（$CP=0$）到达时，计数器停止工作，而译码器由于 $\overline{CP}$ 为高电平（$\overline{CP}=1$），$ST_A=1$，开始工作。这样，选通控制脉冲信号 $\overline{CP}$ 使计数器输出状态变化的工作时间与译码器工作的时间相互错开，从而消除了产生竞争冒险现象的可能。

2. 试用同步二进制集成加法计数器（74LS161）和八选一数据选择器（74LS151）制作一个能产生序列信号"00011101"的序列信号发生器

要产生的序列信号"00011101"的序列长度是8位，时间顺序是从左到右，故可由一个八进制计数器（8个有效循环状态）和一个八选一数据选择器构成。其中，八进制计数器可由74LS161构成，其 $Q_2Q_1Q_0$ 端输出的3位循环二进制代码可作为74LS151的 $A_2A_1A_0$ 端的地址码输入信号。按照序列信号"00011101"对74LS151的数据信号输入端 $D_0\sim D_7$ 赋值，输出信号 Y 与序列信号及74LS161输出代码 $Q_2Q_1Q_0$ 的状态转换情况见表4-7-1。

表 4-7-1　序列信号与计数器及数据选择器的状态转换表

CP 个数	序列信号	74LS161 输出			74LS151	
		Q_2	Q_1	Q_0	D_i 输入数据	输出 Y
1(↑)	0	0	0	0	$D_0 = 0$	0
2(↑)	0	0	0	1	$D_1 = 0$	0
3(↑)	0	0	1	0	$D_2 = 0$	0
4(↑)	1	0	1	1	$D_3 = 1$	1
5(↑)	1	1	0	0	$D_4 = 1$	1
6(↑)	1	1	0	1	$D_5 = 1$	1
7(↑)	0	1	1	0	$D_6 = 0$	0
8(↑)	1	1	1	1	$D_7 = 1$	1

　　据此，用 74LS161 和 74LS151 仿真设计的"00011101"序列信号发生器，在 TTL 门电路元器件库中选择 74LS161 和 74LS151 及其他相关元器件，调入 LED 显示灯及逻辑分析仪，连接电路，如图 4-7-3 所示。运行仿真，观测 LED 显示的输出信号状态可知，在输入时钟脉冲信号 CP 的作用下，输出信号端 Y 能产生按照"00011101"顺序排列、周期循环的串行列信号。逻辑分析仪的时钟和输出信号仿真结果如图 4-7-4 所示。

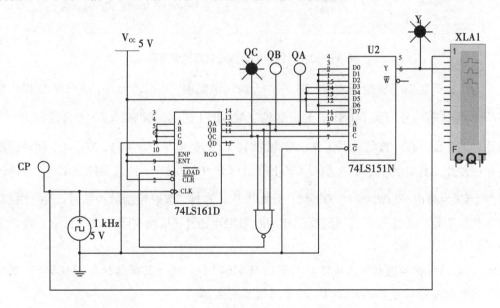

图 4-7-3　序列信号发生器仿真电路图

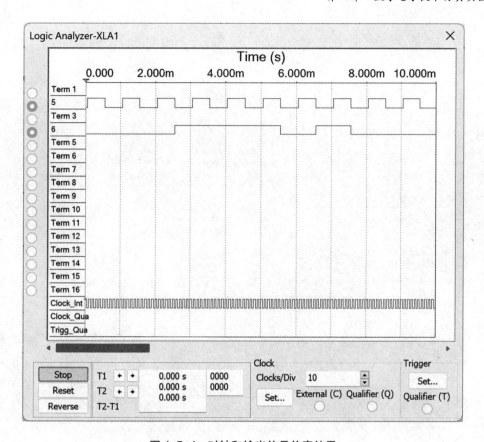

图 4-7-4 时钟和输出信号仿真结果

第三部分

模拟电子技术实践

第五章　模拟电子技术实验

⚡ 实验一　电子元器件识别

一、实验目的

(1) 能正确识别电子元器件，掌握二极管单向导电特性等。

(2) 掌握利用万用表测试晶体二极管和晶体三极管的方法。

(3) 掌握色环电阻器、电容器的识别和测量方法。

二、预习要求

(1) 熟悉色环法判定电阻值。

(2) 查阅相关文献资料，熟悉电子元器件在电子领域的具体应用。

三、实验设备与器件

ET-A 实验仪一台，SDS1000A 示波器一台，直流稳压电源一台，低频信号发生器一台，万用表一块，毫伏表一台，电阻、电容若干。

四、实验内容与步骤

模拟电路实验中，经常使用示波器、函数信号发生器、直流稳压电源、交流毫伏表及频率计等。它们和万用表一起，可以完成对模拟电路工作情况的测试。

实验中，要对各种电子仪器进行综合使用，可按照信号流向，以连线简洁、调节顺手、观察与读数方便等原则进行合理布局。接线时，应注意为防止外界干扰，将各仪器的公共接地端连接在一起，称为"共地"。信号源和交流毫伏表的引线通常使用屏蔽线或专用电缆线，示波器的接线使用专用电缆线，直流电源的接线使用普通导线。

1. 万用表测量二极管

(1) 原理：二极管具有单向导电性。

（2）现象：正、反向电阻不相等。将万用表挡位选至二极管专用测量挡位，利用万用表红、黑色两表笔测量二极管的正、反向电阻。

（3）结果：① 若正、反向电阻值相差很大，则二极管性能好；② 若正、反向电阻值都是无穷大，则二极管内部断路；③ 若正、反向电阻值都是零，则内部短路；④ 若正、反向电阻值相差不大，则失效，不具有单向导电性。

（4）提示：经测量，若二极管的单向导电性能良好，可进一步判定管子的极性。即测量有电阻值时，与红色表笔相接的是二极管的阳极，与黑色表笔相接的是二极管的阴极。测量反向电阻时，万用表示数为"1"，即电阻无穷大。

选择不同类型的二极管，进行二极管阴阳极判定，同时记录二极管的正向电阻值，并将测试结果填入表 5-1-1。

表 5-1-1　二极管测量实验数据记录

序号	类型	阴阳极判定	正向电阻值
1			
2			

2. 万用表测量三极管

首先利用万用表的二极管专用测量挡位或欧姆挡，判断三极管类型；然后根据三极管的类型选择合适的测量方法。

（1）NPN 型三极管。

① 若红色表笔接触某一管脚，黑色表笔轻碰另外两个管脚，且测得电阻值均较小，则红色表笔所接触的管脚是三极管的基极；否则，换另外的管脚再重复上述操作。

② 将万用表挡位调至"hFE"挡，将上一步判断的 NPN 型三极管管脚插到 NPN 的小孔上，B，C，E 极分别对应上面的字母。观测数字万用表的测试结果，读数并记录。再把三极管的 C，E 管脚互换，再读数并记录。两次读数较大的三极管的管脚与字母对应一致，这时就对照字母确认三极管的 C，E 极。

（2）PNP 型三极管。

① 若黑色表笔接触某一管脚，红色表笔轻碰另外两个管脚，且测得电阻值均较小，则黑色表笔所接触的管脚是三极管的基极；否则，换另外的管脚再重复上述操作。

② 将万用表挡位调至"hFE"挡，将上一步判断的 PNP 型三极管管脚插到 PNP 的小孔上，B，C，E 极分别对应上面的字母。观测数字万用表的测试结果，读数并记录。再把三极管的 C，E 管脚互换，再读数并记录。两次读数较大的三极管的管脚与字母对应一致，这时就对照字母确认三极管的 C，E 极。

选择不同类型的三极管，进行三极管类型和管脚的判定，并将测试结果填入表 5-1-2 中。

表 5-1-2　三极管测量实验数据记录

序号	型号	类型	管脚示意图
1			
2			

3. 万用表测量电阻

首先将万用表选择合适量程的欧姆挡，将红、黑色两表笔短接，调零；然后进行测量，将测得的电阻值和识别的色环数值进行对照。

（1）现象：① 若电阻值误差过大，则电阻变质；② 若电阻值等于 0，则电阻短路；③ 若电阻值等于 ∞，则电阻断路。

（2）注意：① 被检查的电阻必须从电路上焊下来(至少焊开一端)；② 测试时，手不要触及表棒的金属针和电阻的导电部分；③ 若万用表量程选择过小，则数字万用表显示"1"；若万用表量程选择过大，则容易误读。

电阻值判定的色环表示法见表 5-1-3。

表 5-1-3　电阻值判定的色环表示法

颜色	有效数字	函数	允许误差
银	10^{-2}	10^{-2}	±10%
金	10^{-1}	10^{-1}	±5%
黑	0	10^{0}	—
棕	1	10^{1}	±1%
红	2	10^{2}	±2%
橙	3	10^{3}	—
黄	4	10^{4}	—
绿	5	10^{5}	±0.5%
蓝	6	10^{6}	±0.2%
紫	7	10^{7}	±0.1%
灰	8	10^{8}	—
白	9	10^{9}	—
无色	—	—	±20%

（3）下面分别以四环电阻和五环电阻为例进行说明。

四环电阻色环如图 5-1-1 所示，根据自左向右的顺序，依次读出不同颜色的色环代表的数字、数量级及允许误差。查表 5-1-3 可知，第一个色环是红色，代表有效数字 2；第二个色环是紫色，代表有效数字 7；第三个色环是橙色，代表数量级 10^3。因此，该电阻值为 $27 \times 10^3 = 27$ kΩ。五环电阻色环如图 5-1-2 所示，根据自左向右的顺序，依次读出不同颜色的色环代表的数字、数量级及允许误差。查表 5-1-3 可知，第一个色环是棕色，代表有效数字 1；第二个色环是紫色，代表有效数字 7；第三个色环是绿色，代表有效数字 5；第四个色环是金色，代表数量级 10^{-1}。因此，该电阻值为 $175 \times 10^{-1} = 17.5$ Ω。

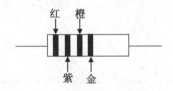

图 5-1-1　四环电阻色环示意图

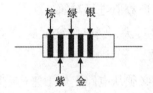

图 5-1-2　五环电阻色环示意图

选择不同类型的电阻，用色环法判定其电阻值，同时利用万用表测量电阻值，验证实验读数是否正确，并将测试结果填入表 5-1-4 中。

表 5-1-4　电阻值测量实验数据记录

序号	类型	色环图	读数	电阻值
1	四环电阻			
2	五环电阻			

4. 万用表测量电容

根据结构、介质及性能的不同，电容分为无极性电容和有极性电容。

无极性电容，其管脚长度一致，在电路使用中没有正、负极分别，如瓷片电容、独石电容和薄膜电容等。有极性电容，属于电解电容，其管脚长度有差别，在电路使用中一定要区分正、负极。

（1）原理：电容具有充放电性质。

（2）现象：将万用表选在"R×2 k""R×20 k"欧姆挡，将表棒与电容器两根引线相碰，万用表会有一个小的读数，然后变成"1"；交换表棒，上述现象重复。

（3）结果：①若出现上述现象，则说明电容完好；②若读数不变，回不到1，则说明电容漏电，有一定的阻抗；③ 若读数为 0，则说明电容被击穿；④ 若读数为 1，则说明电容开路。

（4）注意：测试时，手不要触及表棒的金属针和电容的导电部分。

（5）电容大小的判定方法。

① 无极性电容可以采用数字读数法判断大小。例如，标识数字为"104"的薄膜电容，其电容为 $10×10^4$ pF = 0.1 μF。也有一些电容采用直标法进行判定，直接在电容上标注容量为 1.5 μF。

② 有极性电容采用直标法进行判定，电容上直接标注电容大小、耐压值等。导针型电解电容的正、负极有 2 种判断方法：看导线的长短，长的一端是正极，短的一端是负极；如果管脚被剪短，也可以通过电容上的负极标线柱来判别。

选择无极性电容和有极性电容，进行电容大小的判定，同时利用万用表检测，并将测试结果填入表 5-1-5。

表 5-1-5　电容测量实验数据记录

序号	类型	读数	电容值
1	无极性电容		
2	有极性电容		

五、分析与讨论

（1）利用万用表测试电子元器件，如果存在错误，及时发现问题、解决问题。

（2）分析电阻线性特性与电子元器件的非线性特性的区别。

六、注意事项

（1）万用表使用结束，关闭电源开关。

（2）电子元器件使用结束，放回元器件收纳盒内。

（3）连接线插拔时，应拿住插头，不要用力拉扯导线，以免连接线损坏。

七、实验报告要求

（1）按照实验要求记录、整理实验数据，并对实验结果进行分析。

（2）总结实验中出现的问题和解决办法。

实验二　晶体管共发射极放大电路

一、实验目的

(1)熟悉示波器、函数信号发生器、毫伏表的使用方法。
(2)通过实验掌握晶体管共发射极放大电路的工作原理。
(3)掌握放大器静态工作点的测量与调试方法。
(4)掌握放大器动态参数的测量方法。
(5)熟悉放大器静态工作点与电压增益及失真的关系。

二、预习要求

(1)确定放大电路稳定静态工作点指标参数值。
(2)估算放大电路动态指标参数值。
(3)思考应该如何调整元器件,以及稳定静态工作点。

三、实验设备与器件

ET-A 实验仪一台,SDS1000A 示波器一台,直流稳压电源一台,低频信号发生器一台,万用表一块,毫伏表一台,电阻、电容若干。

四、实验内容与步骤

1. 实验电路

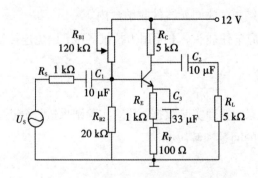

图 5-2-1　晶体管共发射极放大电路图

晶体管共发射极放大电路如图 5-2-1 所示,它是典型的工作点稳定的共发射极单管电压放大电路,晶体管偏置电路采用基极分压电阻和发射极反馈电阻形式。由于基极电位(U_B)由R_{B1}和R_{B2}实现分压,那么可以近似认为U_B不随温度变化而变化。温度T升高,β增大,I_C(集电极电流)也会增大,导致U_E升高;由于U_B不变,U_{BE}(管压降)将减小,又会导致I_B(基极电流)减小,形成电流反馈,将I_C增大的电流再减小,这样工作点就稳定了。

在输入端加一个交流信号U_s,便在基极回路引起一个ΔI_b,通过晶体管的电流放大作用在集成电路回路中产生一个$\Delta I_c = \beta \Delta I_b$,即$\Delta I_b$被放大了$\beta$倍。如果要求输出信号是电压信号,还必须把被晶体管扩大了的集电极电流ΔI_c转化为电压ΔU_o,即输出电压为$\Delta U_o = \Delta I_c R_L'$($R_L' = R_C // R_L$)。

2. 放大器静态工作点测试

(1)静态工作点的测量。图5-2-1所示实验电路属于交流直流混合电路,该实验电路在正常工作过程中,需要将直流电源的地和交流信号源的地接在一起,实现"共地"。

注意:各电子仪器连接时,为防止干扰,各仪器的公共端必须连在一起,同时信号源、交流毫伏表和示波器的引线应采用专用电缆线。

测量测试电路的静态工作点应在输入信号等于零的情况下进行。对该实验电路的测量,只需要接入直流电源,分别用万用表测得基极电流(I_B)、集电极电流(I_C)、管压降(U_{BE})和集电极与发射极之间的压降(U_{CE})即可。

(2)静态工作点的调试。采用调节偏置电阻(R_{B1})的方法来确定合适的静态工作点。旋转调钮,用万用表观察U_{CE}的变化,当U_{CE}的电压值在$6 \sim 8$ V,停止调节R_{B1},记录此时静态工作点的实验数据。即接通直流电源,调节R_{B1},用万用表测量三极管三电极电位值,并记入表5-2-1中。

表5-2-1　放大电路合适静态工作点

参数	理论值	实测值	工作区间	调整方法
U_{BE}/V				
U_{CE}/V				

3. 放大器动态指标测试

放大器动态指标参数包括电压放大倍数、输入电阻、输出电阻、最大不失真输出电压和通频带等。

(1)电压放大倍数($\dot{A}_U$)的测量。调节实验箱的函数信号发生器,使输入信号为$U_s = 5 \sim 10$ mV,$f = 1$ kHz的正弦波形,用示波器观察输出波形是否失真,如不失真,测试输入电压(U_i)和输出电压(U_o),用相量形式表示,计算$\dot{A}_U$:

$$\dot{A}_U = \frac{\dot{U}_o}{\dot{U}_i} \tag{5-2-1}$$

(2)放大电路输出波形的调试。如图5-2-1所示实验电路,在静态工作点调试电路的基础上，将模电实验箱的信号发生器作为 U_s 接入电路，调节函数信号发生器的输出旋钮，用示波器观察，使放大器的输入电压为 $U_i =$ _____，同时观察放大器的输出电压 U_o，在保证波形不失真的前提下，观察示波器波形并读出 U_o。用示波器观察 U_o 和 U_i 的相位关系，并将结果填入表 5-2-2 中。

表 5-2-2　放大电路不失真输出波形

R_L	U_o	$\left| \dot{A}_U \right|$	观察 U_o 和 U_i 波形
空载			
$R_L =$ _____			

（3）输入电阻 R_i 的测量。在放大器的输入端与信号源之间串联一个电阻为 $R = 1\ \mathrm{k\Omega}$，使 $f = 1\ \mathrm{kHz}$，调整函数信号发生器输出，测得输入电压和输出电压的有效值为 U_i 和 U_s。测试 R_i 的值并填入表 5-2-3 中。R_i 的计算公式如下：

$$R_i = \frac{U_i}{I_i} = \frac{U_i}{\dfrac{U_R}{R}} = \frac{U_i}{U_s - U_i} R \tag{5-2-2}$$

表 5-2-3　放大电路输入电阻

参数	理论值	实测值
R_i/Ω		

注意：① 由于 R 两端没有电路公共接地点，所以测量 R 两端电压 U_R 时必须先分别测出 U_s 和 U_i，再按照 $U_R = U_s - U_i$，求出 U_R。

② R 的值不宜取得过大或过小，以免产生较大的测量误差，通常取 R 和 R_i 为同一数量级，本实验可取 $R = 1 \sim 2\ \mathrm{k\Omega}$。

（4）输出电阻 R_o 的测量。输出端空载时，输出电压 U_o，连接负载电阻 $R_L = 1\ \mathrm{k\Omega}$，测得输出电压 U_L，测试 R_o 的值并填入表 5-2-4 中。

根据

$$U_{\mathrm{L}} = \frac{R_{\mathrm{L}}}{R_{\mathrm{o}} + R_{\mathrm{L}}} U_{\mathrm{o}} \qquad (5-2-3)$$

即可求出

$$R_{\mathrm{o}} = \left(\frac{U_{\mathrm{o}}}{U_{\mathrm{L}}} - 1 \right) R_{\mathrm{L}} \qquad (5-2-4)$$

注意：测试过程中，必须保持 R_{L} 接入前后输入信号的大小不变。

表 5-2-4　放大电路输出电阻

参数	理论值	实测值
R_{o}/Ω		

（5）测定频率特性。通常规定当电压放大倍数下降到中频值的 0.707 倍时，所对应的频率称为放大电路的上限截止频率（f_{H}）或下限截止频率（f_{L}），放大器的通频带为 $BW = f_{\mathrm{H}} - f_{\mathrm{L}}$。

输入信号幅值不变，改变输入信号的频率，保持输入信号为 $U_{\mathrm{i}} = $ _____，然后测出不同频率时的输出电压 U_{o}，并将结果填入表 5-2-5 中。

表 5-2-5　放大电路幅频特性输出

f/Hz	5	10	100	500	1000	1×10^4	5×10^4	1×10^5	5×10^5
U_{o}/V									
$\dot{A}_U$									

注意：示波器读波形幅值时，一般记录峰值，即最大值；在求电压放大倍数时，输出和输入的取值和单位要保持一致，即输入也要记录峰值。

五、分析与讨论

（1）分析调节基极电阻 R_{B}、集电极电阻 R_{C} 及负载电阻 R_{L} 的大小对静态工作点及 $\dot{A}_U$ 的影响。

（2）绘出放大电路的幅频特性曲线，确定电路的通频带。

六、注意事项

（1）直流电源和交流信号源的地一定要"共地"。

（2）交流信号源的输入幅值要尽可能小。

（3）表 5-2-2 测试的幅频特性曲线数据如果显示得不完整，可以自行调节。

七、实验报告要求

（1）按照实验要求记录、整理实验数据，并对实验结果进行分析。

（2）总结实验中出现的问题和解决办法。

实验三　集成运放参数及传输特性测试

一、实验目的

（1）学习集成运算放大器（简称集成运放）电路主要参数及传输特性的测试方法。
（2）熟练掌握集成运放电路的连接方法。

二、预习要求

（1）集成运放的主要参数。
（2）集成运放的参数在应用中的作用。

三、实验设备与器件

ET-A 实验仪一台，SDS1000A 示波器一台，直流稳压电源一台，低频信号发生器一台，万用表一块，毫伏表一台，电阻、电容若干，LM358 集成运放。

四、实验内容与步骤

1. 输入失调电压的测试

输入失调电压是指当输入信号为零时，集成运放输出端出现不为零的直流电压折算到输入端的数值，通常用U_{OS}表示，其测试电路如图 5-3-1 所示。LM358 集成运放的引脚如图 5-3-2 所示。

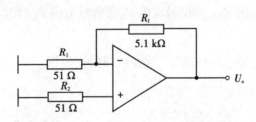

图 5-3-1　输入失调电压测试电路图

图 5-3-2 中，2，3 引脚和 5，6 引脚为运放的反相、同相输入端；4，8 引脚为运放的负、正电源端V_{EE}，V_{CC}；1，7 引脚为运放的输出端。

输入失调电压的测试方法具体如下。

（1）将 LM358 插在实验箱或面包板上，电阻电容也插在上面，按照图 5-3-1 接线。

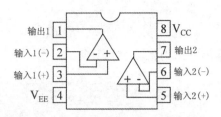

图 5-3-2　LM358 集成运放引的脚图

（2）检查无误后，将±15 V 电源用电压表进行核对，确认无误后接在实验仪器"±15 V"和"地"的接线柱上，并用导线将其引到 LM358 对应的电源引脚上。

（3）用电压表测量其输出电压（U_o），并根据式（5-3-1）计算输入失调电压（U_OS）：

$$U_\text{OS} = \frac{R_1}{R_1 + R_\text{f}} U_\text{o} \tag{5-3-1}$$

（4）将计算出的输入失调电压记入表 5-3-1 中。

表 5-3-1　集成运放参数测试数据记录

参数	U_OS	I_OS	K_o	*CMRR*
理论值				
测量值				

2. 输入失调电流的测试

输入失调电流是指 2 个输入端信号为零时的静态偏置电流之差，通常用 I_OS 表示。其计算公式为

$$I_\text{OS} = I_\text{B+} - I_\text{B-} \tag{5-3-2}$$

式中，$I_\text{B-}$ 表示反相输入端偏置电流，$I_\text{B+}$ 表示同相输入端偏置电流。

输入失调电流测试电路如图 5-3-3 所示。

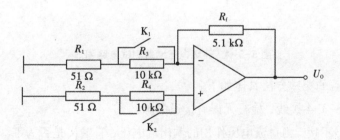

图 5-3-3　输入失调电流测试电路图

输入失调电流的测试方法具体如下。

（1）按照图 5-3-3 接线。

（2）先将 K_1，K_2 闭合，测输出电压为 U_o。

（3）再将 K_2 断开，测输出电压为 U_o1，然后计算 $I_\text{B+}$：

$$I_{B+} = \mid U_{o1} - U_o \mid \frac{R_1}{R_1 + R_f} \frac{1}{R_4} \qquad (5-3-3)$$

（4）再将K_1断开，测输出电压为U_{o2}，然后计算I_{B-}：

$$I_{B-} = \mid U_{o2} - U_o \mid \frac{R_1}{R_1 + R_f} \frac{1}{R_3} \qquad (5-3-4)$$

（5）计算输入失调电流（I_{OS}）：

$$I_{OS} = I_{B+} - I_{B-} = \mid U_{o2} - U_{o1} \mid \frac{R_1}{R_1 + R_f} \frac{1}{R_3} \qquad (5-3-5)$$

（6）将计算出的输入失调电流记入表5-3-1中。

3. 开环电压增益测试

开环电压增益是运放在没有外部反馈时直流差模电压增益的简称，用K_o表示，其测试电路如图5-3-4所示。由于集成运放的K_o一般很大，理想集成运放为$K_o = \infty$，集成运放发生零点漂移，将输出级工作在饱和或截止状态下，如果不采取有效措施，电路的指标参数难以测量。解决的方法是建立2路通道。一路为"$R_f \rightarrow R_1 \rightarrow R_2 \rightarrow$ 地"，是直流负反馈通路，以稳定集成块静态工作点，抑制输出电压漂移。另一路是交流通道，通过R_f实现交流闭环。交流信号经电容C和R_2，R_1分压后加至反相输入端，保证集成运放工作在线性区，相当于开环。这样就可以利用交流信号来测集成运放的开环增益。

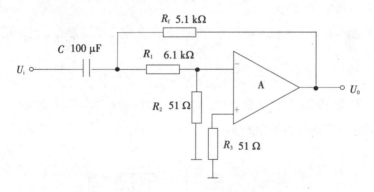

图5-3-4 开环电压增益测试电路图

开环电压增益的测试方法具体如下。

（1）按照图5-3-4接线，检查无误后接通电源。

（2）交流信号不接，测直流电压作用的输出端电压，看输出是否为零。

（3）调节低频信号发生器，使$f = 50 \sim 100$ Hz，$U_i = 30$ mV，接到运放的输入端，用毫伏表测运放的输出端电压（U_o）。

（4）再用毫伏表测运放的输入端电压（U_i）。

（5）按照式（5-3-6）计算开环电压增益（K_o）：

$$K_o = \left(1 + \frac{R_1}{R_2}\right) \frac{U_o}{U_i} \qquad (5-3-6)$$

测试中应注意以下3个方面：① 测试前，电路应先进行消振及调零。② 被测运放要工作在线性区。③ 输入信号频率应较低，一般为50~100 Hz；输出信号幅度应较小，且无明显失真。

（6）将开环电压增益记入表5-3-1中。

4. 共模抑制比的测试

共模抑制比用来衡量集成运放对共模信号的抑制能力。它通常被定义为集成运放的差模电压增益（K_d）和共模电压增益（K_c）之比再取对数，用 $CMRR$ 来表示，单位为 dB。通常 $CMRR$ 越大越好，其测试电路如图5-3-5所示。

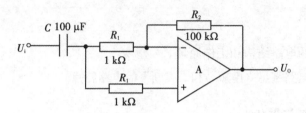

图5-3-5　共模抑制比测试电路图

共模抑制比的测试方法具体如下。

（1）将低频信号发生器调到 $f = 10$ Hz，$U_i = 1$ V 时，将该信号接入放大器共模输入端。

（2）用毫伏表测 U_o，并计算出共模抑制比。

$$CMRR = \left| \frac{A_d}{A_c} \right| = \frac{R_2}{R_1} \frac{U_i}{U_o} \tag{5-3-7}$$

（3）将共模抑制比记入表5-3-1中。

五、分析与讨论

（1）记录实验内容的各项数据，并计算其最终结果。

（2）如果测试数据误差较大，分析其产生的原因，提出减少误差的方法。

（3）讨论电路中电阻和电容参数的选取，会对输出结果产生哪些影响。

六、注意事项

（1）直流电源和交流信号源的地一定要"共地"。

（2）在测试过程中，交流信号源的输入幅值频率调节要仔细认真。

七、实验报告要求

（1）按照实验要求记录、整理实验数据，并对实验结果进行分析。

（2）总结实验中出现的问题和解决办法。

实验四　集成运放基本运算电路

一、实验目的

(1)掌握集成运放的构成,利用集成运放构成比例、加法、减法等模拟运算电路。
(2)了解集成运放在实际工程领域的应用。

二、预习要求

(1)预习运放的电路结构和工作原理。
(2)预习运算电路满足"虚短"和"虚断"的电路特点。

三、实验设备与器件

ET-A 实验仪一台,SDS1000A 示波器一台,直流稳压电源一台,低频信号发生器一台,万用表一块,毫伏表一台,电阻、电容若干,LM358 集成运放。

四、实验原理

集成运放是一种具有高增益的直接耦合多级放大电路。当外部接入不同的线性或非线性元器件组成应用电路时,可以灵活地实现各种特定函数关系。在线性应用方面,可以组成比例、加法、减法、积分、微分等模拟运算电路。

1. 反相比例运算电路

(1)反相比例电路工作原理。图 5-4-1 为反相比例运算电路图。为了减小输入级偏置电流引起的运算误差,在相同输入端应接入平衡电阻,保证相同输入端对地电阻(R_p)和反向输入端对地电阻(R_n)相等,即 $R_p = R_n$。

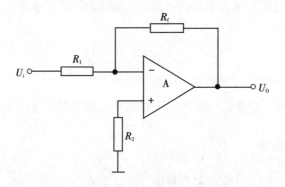

图 5-4-1　反相比例运算电路图

根据理想集成运放的工作条件，该电路的输入输出关系为

$$U_{\mathrm{o}} = -\frac{R_{\mathrm{f}}}{R_{\mathrm{1}}} U_{\mathrm{i}} \qquad\qquad (5\text{-}4\text{-}1)$$

（2）反相比例运算测试电路。该测试方法具体如下。

① 输入端连接-5~5 V直流可调信号源，按照图5-4-2接线，检查无误后通电。

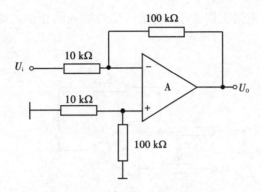

图5-4-2 反相比例运算测试电路图

② 改变输入信号大小，用万用表实时检测输入信号的变化，用实验箱的电压表测量输出电压。将测量的输出电压填入表5-4-1中。

表5-4-1 反相比例运算测试电路结果

U_{i}	0.1 V	0.5 V	-0.1 V	-0.5 V
U_{o}				
$U_{\mathrm{o}}/U_{\mathrm{i}}$				

（3）反相器测试电路。该测试方法具体如下。

① 输入端连接-5~5 V直流可调信号源，按照图5-4-3接线，检查无误后通电。

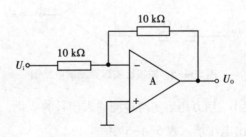

图5-4-3 反相器测试电路图

② 改变输入信号大小，用万用表实时检测输入信号的变化，用实验箱的电压表测量输出电压。将测量的输出电压填入表5-4-2中。

表 5-4-2　反相器测试电路结果

U_i	0.1 V	0.5 V	-0.1 V	-0.5 V
U_o				
U_o/U_i				

2. 同相比例运算电路

（1）同相比例运算电路工作原理。将输入信号加入同相输入端，同相比例运算电路如图 5-4-4 所示。

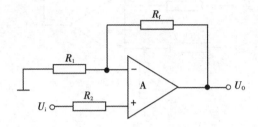

图 5-4-4　同相比例运算电路图

该电路的输入输出关系式为

$$U_o = \left(1 + \frac{R_f}{R_1}\right) U_i \qquad (5\text{-}4\text{-}2)$$

（2）同相比例运算测试电路。该测试方法具体如下。

① 输入端连接-5~5 V 直流可调信号源，按照图 5-4-5 接线，检查无误后通电。

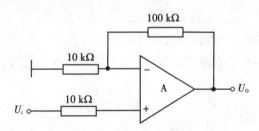

图 5-4-5　同相比例运算测试电路图

② 改变输入信号大小，用万用表实时检测输入信号的变化，用实验箱的电压表测量输出电压。将测量的输出电压填入表 5-4-3 中。

表 5-4-3　同相比例运算测试电路结果

U_i	0.1 V	0.5 V	-0.1 V	-0.5 V
U_o				
U_o/U_2				

（3）电压跟随器测试电路。该测试方法具体如下。

① 输入端连接-5~5 V 直流可调信号源，按照图 5-4-6 接线，检查无误后通电。

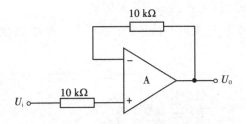

图 5-4-6 电压跟随器测试电路图

② 改变输入信号大小，用万用表实时检测输入信号的变化，用实验箱的电压表测量输出电压。将测量的输出电压填入表 5-4-4 中。

表 5-4-4 电压跟随器测试电路结果

U_i	0.1 V	0.5 V	−0.1 V	−0.5 V
U_o				
U_o/U_2				

3. 反相求和运算电路

(1)反相求和运算电路工作原理。反相求和运算电路如图 5-4-7 所示(该电路中，输入端的个数可根据需要进行调整)。

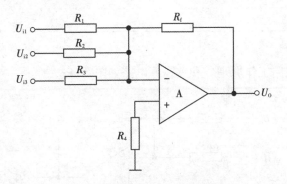

图 5-4-7 反相求和运算电路图

其中，电阻 R_4 为

$$R_4 = R_1 /\!/ R_2 /\!/ R_3 /\!/ R_f$$

电路输出电压与输入电压的计算公式为

$$U_o = -\left(\frac{R_f}{R_1} U_{i1} + \frac{R_f}{R_2} U_{i2} + \frac{R_f}{R_3} U_{i3} \right) \tag{5-4-3}$$

反相求和运算电路的特点与反相比例运算电路的特点相同，可以通过调整电路的任一输入电阻改变电路的比例关系，而不影响其他支路。

（2）反相加法器测试电路。该测试方法具体如下。

① 输入端连接-5~5 V直流可调信号源，按照图5-4-8接线，检查无误后通电。

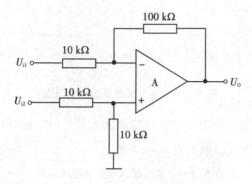

图5-4-8 反相加法器测试电路图

② 改变输入信号大小，用万用表实时检测输入信号的变化，用实验箱的电压表测量输出电压。将测量的输出电压填入表5-4-5中。

表5-4-5 反相加法器测试电路结果

U_{i1}	0.5 V	0.4 V	-0.5 V	-0.1 V	-0.4 V
U_{i2}	0.1 V	0.2 V	-0.1 V	-0.5 V	-0.2 V
U_o					
$U_{i2}-U_{i1}$					

4. 和差运算电路

（1）和差运算电路工作原理。和差运算电路如图5-4-9所示。

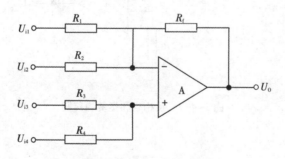

图5-4-9 和差运算电路图

此电路的功能是对U_{i1}，U_{i2}进行反相求和，对U_{i3}，U_{i4}进行同相求和，然后将它们进行叠加，即得和差结果。其输入输出电压的计算公式为

$$U_o = R_f\left(\frac{U_{i3}}{R_1}+\frac{U_{i4}}{R_2}-\frac{U_{i1}}{R_3}-\frac{U_{i2}}{R_4}\right) \tag{5-4-4}$$

（2）差动放大器测试电路。该测试方法具体如下。

① 输入端连接-5~5 V 直流可调信号源，按照图 5-4-10 接线，检查无误后通电。

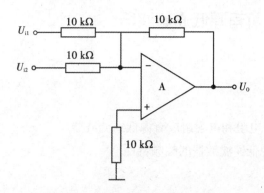

图 5-4-10　差动放大器测试电路图

② 改变输入信号大小，用万用表实时检测输入信号的变化，用实验箱的电压表测量输出电压。将测量的输出电压填入表 5-4-6 中。

表 5-4-6　差动放大器测试结果

U_{i1}	0.5 V	0.1 V	−0.1 V	−0.5 V
U_{i2}	0.1 V	0.5 V	−0.5 V	−0.1 V
U_o				
$U_{i2}-U_{i1}$				

五、分析与讨论

(1)整理实验数据，画出波形图(注意波形间的相位关系)。

(2)记录数据，将实验结果与计算结果进行比较，分析产生误差的原因。

(3)讨论电路中电阻和电容参数的选取，会对输出结果产生哪些影响。

六、注意事项

(1)直流电源和交流信号源的地一定要"共地"。

(2)直流可调信号源，调动不发生变化时，集成芯片可能烧坏。

七、实验报告要求

(1)按照实验要求记录、整理实验数据，并对实验结果进行分析。

(2)总结实验中出现的问题和解决办法。

实验五　二阶有源低通滤波器

一、实验目的

(1)熟悉用运放、电阻和电容组成有源低通滤波器。
(2)学会测量有源低通滤波器的幅频特性。

二、预习要求

(1)复习低通滤波器的相关内容。
(2)熟悉滤波电路的幅频特性曲线。

三、实验设备与器件

ET-A 实验仪一台，SDS1000A 示波器一台，直流稳压电源一台，低频信号发生器一台，万用表一块，毫伏表一台，电阻、电容若干，LM358 集成运放。

四、实验内容与步骤

1. 压控电压源二阶有源低通滤波电路

图 5-5-1 为压控电压源二阶有源低通滤波器电路图。它由两级 RC 滤波环节与同相比例运算电路组成，同时引入正反馈，以改善幅频特性，提高电路滤波效果。

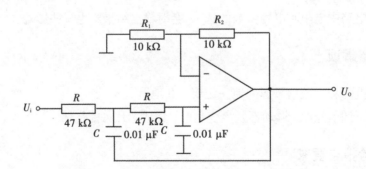

图 5-5-1　压控电压源二阶有源低通滤波器电路图

二阶有源低通滤波器的通带电压放大倍数为

$$A_{up} = 1 + \frac{R_2}{R_1} \qquad (5-5-1)$$

二阶有源低通滤波器的通带截止频率为

$$f_0 = \frac{1}{2\pi RC} \tag{5-5-2}$$

品质因数为

$$Q = \frac{1}{3 - A_{\mathrm{up}}} \tag{5-5-3}$$

二阶有源低通滤波电路相比于无源滤波电路,提高了通带电压放大倍数,同时提升了电路的带负载能力。与一阶有源低通滤波电路相比,二阶有源低通滤波电路衰减斜率达到每十倍频-40dB,电路的滤波效果更理想。

2. 测试内容

(1)按照图5-5-1连接电路,接通电源,在输入端加函数信号发生器,正弦信号幅值为20 mV。在1 kHz的频率范围内粗略观察输出波形的变化,看它是否具备低通特性。如不具备,则电路存在故障,应先排除电路故障。

(2)在$f_0 = $ _____ Hz附近调节信号频率,观测输出波形为$U_{\mathrm{o}} = 0.707 U_{\mathrm{i}}$。若此频率低于$f_0$,应适当减少$R_1$,$R_2$;反之,则可在$C_1$,$C_2$上并联小电量电容,或者在$R_1$,$R_2$上串联低电阻,直到确定通带截止频率为$f_0 = $ _____ Hz为止。将相关数据记录在表5-5-1中。

表5-5-1 二阶有源低通滤波电路工作值记录

电阻	电容	通带电压放大倍数(A_{up})		通带截止频率(f_0)	
		理论值	实测值	理论值	实测值

(3)在维持输入信号幅度不变的情况下,逐点改变输入信号频率。测量输出电压并将结果填入表5-5-2中,描绘幅频特性曲线。

表5-5-2 二阶有源低通滤波电路频率特性

f/Hz	50	100	500	1000	2000	5000	1×10^4	2×10^4	5×10^4	1×10^5
$U_{\mathrm{o}}/\mathrm{V}$										
A_{up}										

五、实验总结

(1)整理实验数据,画出电路实测的幅频特性图。

(2)根据实验曲线,计算截止频率、带宽及品质因数。

(3)总结有源滤波电路的特性。

六、注意事项

(1)直流电源和交流信号源的地一定要"共地"。

（2）示波器显示输出无波形时，应先进行示波器自检，如果波形正常，再检查电路，同时检查频段范围。

（3）无源滤波环节，电路中电阻和电容参数的选取，对输出波形有影响。

七、实验报告要求

（1）按照实验要求记录、整理实验数据，并对实验结果进行分析。

（2）总结实验中出现的问题和解决办法。

实验六　电压比较器

一、实验目的

（1）掌握电压比较器的电路构成及工作特点。

（2）学会测试电压比较器阈值、绘制电压传输特性曲线的方法。

二、预习要求

（1）复习比较器的有关内容。

（2）画出各类比较器的传输特性曲线。

三、实验设备与器件

ET-A 实验仪一台，SDS1000A 示波器一台，直流稳压电源一台，低频信号发生器一台，万用表一块，毫伏表一台，电阻、电容若干，LM358 集成运放。

四、实验内容与步骤

电压比较器的电路是集成运放非线性应用电路，可以实现将一个输入电压信号和一个参考电压相比较，在两者电压值相近时，输出电压将发生跳变，从而输出高电平或低电平。电压比较器通常可以作为开关器件，应用于非正弦波形变换电路等领域。

图 5-6-1(a) 为单限电压比较器电路图。其中，U_R 为参考电压，加在运放的同相输入端；U_i 为输入电压，加在运放的反相输入端。当同相输入端电位大于反相输入端电位时，集成运放输出高电平；当同相输入端电位小于反相输入端电位时，集成运放输出低电平。

当 $U_i < U_R$ 时，集成运放输出高电平，输出端电位是稳压管的稳定电压输出（$+U_Z$），即 $U_o = +U_Z$。

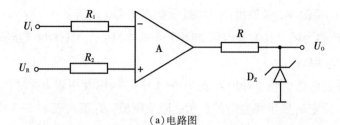

（a）电路图

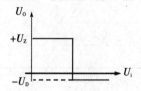

（b）电压传输特性曲线

图 5-6-1 单限电压比较器

当 $U_i>U_R$ 时，集成运放输出低电平，输出电压是稳压管的反相导通电压（$-U_D$），相当于二极管导通，即 $U_o=-U_D$。

因此，U_R 作为阈值，当 U_i 发生变化时，输出端电压呈现出 2 种状态，即高电位（$+U_Z$）和低电位（$-U_D$）。

图 5-6-1（b）为单限电压比较器的电压传输特性曲线。

常用的电压比较器有过零比较器、滞回比较器等。

1. 过零比较器

（1）过零比较器工作原理。图 5-6-2（a）所示为过零比较器电路图，其中 D_Z 为限幅稳压管。输入信号从运放的反相输入端输入，参考电压为零。当 $U_i>0$ 时，输出为 $U_o=-U_Z$；当 $U_i<0$ 时，输出为 $U_o=+U_Z$。其电压传输特性曲线如图 5-6-2（b）所示。

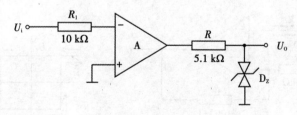

（a）电路图

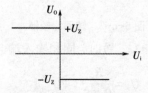

（b）电压传输特性曲线

图 5-6-2 过零比较器

过零比较器结构简单，灵敏度高，但抗干扰能力差。

（2）过零比较器测试。其实验电路如图 5-6-2（a）所示，具体测试步骤如下。

① 接通±12 V 电源。

② 测量 U_i 悬空时的 U_o 值，并记入表 5-6-1 中。利用万用表，观察 U_i 变化时输出电压（U_o）的变化。确定 U_o 发生跳变时的 U_i 值，记录阈值，并填入表 5-6-1 中。

表 5-6-1　过零比较器的工作值记录

设备	U_o		阈值
	$+U_{om}$	$-U_{om}$	
过零比较器			

③ U_i 输入 1 kHz、幅值为 2 V 的正弦信号，观察 $U_i \rightarrow U_o$ 的波形并记录。

④ 改变 U_i 幅值，反复测量，绘制电压传输特性曲线，并填入表 5-6-2 中。

表 5-6-2　过零比较器的工作波形记录

设备	输入和输出波形	电压传输特性曲线
过零比较器	（U_i - t 坐标图，U_o - t 坐标图）	（U_o - U_i 坐标图）

2. 滞回比较器

（1）滞回比较器工作原理。滞回比较器如图 5-6-3 所示，其电路中从输出端引一个电阻分压正反馈支路到同相输入端。

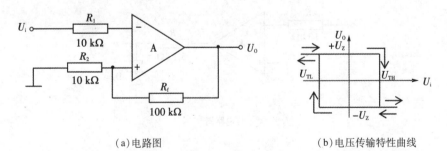

（a）电路图　　　　　　　　　（b）电压传输特性曲线

图 5-6-3　滞回比较器

当 U_o 为最大饱和输出（记作"$+U_{om}$"）时，同相输入端电位为

$$U_+ = \frac{R_2}{R_2 + R_f}(+U_{om}) \qquad (5\text{-}6\text{-}1)$$

即

$$U_{TH} = \frac{R_2}{R_2 + R_f}(+U_o) \tag{5-6-2}$$

当U_o为最小饱和输出(记作"$-U_{om}$")时,同相输入端电位为

$$U_+ = \frac{R_2}{R_2 + R_f}(-U_{om}) \tag{5-6-3}$$

即

$$U_{TL} = \frac{R_2}{R_2 + R_f}(U_o) \tag{5-6-4}$$

当U_i增大到U_{TH}时,U_o由高电平($+U_{om}$)跳变到低电平($-U_{om}$);反之,当U_i减小到U_{TL}时,U_o由低电平($-U_{om}$)跳变到高电平($+U_{om}$)。滞回比较器呈现如图5-6-3(b)所示的电压传输特性曲线。U_{TL}与U_{TH}的差别称为回差。改变R_2的数值可以改变回差的大小。

(2)反相滞回比较器测试。其测试电路如图5-6-4所示,具体测试步骤如下。

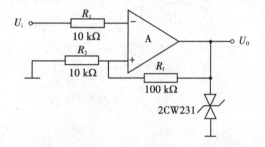

图5-6-4 反相滞回比较器测试电路图

① 按照图5-6-4接线,U_i接-5~5 V直流可调电源,U_i由-5 V开始增大,测出U_o由$+U_{om} \rightarrow -U_{om}$时$U_i$的临界值,并将结果填入表5-6-3中的"$U_{TH}$"列。

表5-6-3 反相滞回比较器的工作值记录

设备	U_o		阈值	
	$+U_{om}$	$-U_{om}$	U_{TH}	U_{TL}
反相滞回比较器				

② 同上,测出U_o由$-U_{om} \rightarrow +U_{om}$时$U_i$的临界值,并将结果填入表5-6-3中的"$U_{TL}$"列。

③ U_i接1 kHz、峰值为2 V的正弦信号,观察并记录$U_i \rightarrow U_o$的波形,填入表5-6-4中。

表 5-6-4　反相滞回比较器的工作波形记录

设备	输入和输出波形	电压传输特性曲线
反相滞回比较器		

④ 将分压支路 100 kΩ 电阻改为 200 kΩ，重复上述实验步骤，绘制电压传输特性曲线。

（3）同相滞回比较器测试。其测试电路如图 5-6-5 所示，具体测试步骤如下。

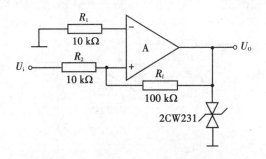

图 5-6-5　同相滞回比较器测试电路图

① 参照反相滞回比较器的测试步骤，自拟同相滞回比较器的测试步骤及方法。

② 将该测试所得结果填入表 5-6-5 中，将该测试的工作波形记录在表 5-6-6 中。

表 5-6-5　同相滞回比较器的工作值记录

设备	U_o		阈值	
	$+U_{om}$	$-U_{om}$	U_{TH}	U_{TL}
同相滞回比较器				

表 5-6-6　同相滞回比较器的工作波形记录

设备	输入和输出波形	电压传输特性曲线
同相滞回比较器		

③ 将该结果与反相滞回比较器测试的结果进行比较。

五、实验总结

(1)整理实验数据，绘制各类比较器的传输特性曲线。

(2)总结几种比较器的特点，阐明它们的应用。

六、注意事项

(1)直流电源选择 $-5\sim5$ V，实时观察变化数据，可以利用万用表红、黑两色表笔插入导线插孔内实现，也可以利用实验箱直流电压表外引两个导线插入插孔内进行观测。

(2)如果出现输出波形失真，应先利用示波器自检，若波形正常，再检查测试电路是否正确。

(3)反相和同相滞回电压比较器测试电路，在交流信号测试时，若输出波形不发生跳变，应检查输入幅值设置得是否合适。

七、实验报告要求

(1)按照实验要求记录、整理实验数据，并对实验结果进行分析。

(2)总结实验中出现的问题和解决办法。

实验七　RC 正弦波振荡器

一、实验目的

(1)学习 RC 正弦波振荡器的电路组成及振荡条件。

(2)学会测量、调试正弦波振荡电路。

二、预习要求

(1)复习 RC 正弦波振荡器的结构与工作原理。

(2)计算实验电路的振荡频率。

(3)熟练使用示波器测量振荡电路的振荡频率。

三、实验设备与器件

ET-A 实验仪一台，SDS1000A 示波器一台，直流稳压电源一台，低频信号发生器一台，万用表一块，毫伏表一台，电阻、电容若干，LM358 集成运放。

四、实验内容与步骤

从结构上看，正弦波振荡电路没有输入信号，而且自带选频网络的正反馈放大器，因采用电阻(R)，电容(C)元件组成选频网络，故称为 RC 振荡器，一般用来产生 1 Hz~1 MHz 的低频信号。

1. RC 串并联网络（文氏桥）振荡器

RC 串并联网络振荡器电路如图 5-7-1 所示。

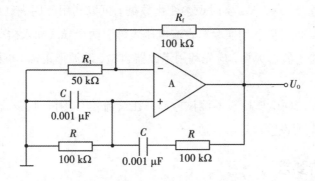

图 5-7-1 RC 串并联网络振荡器电路图

（1）振荡频率：

$$f_0 = \frac{1}{2\pi RC} \qquad (5-7-1)$$

（2）起振条件：

$$|\dot{A}| > 3$$

（3）电路特点：可方便地连续改变振荡频率，便于加负反馈稳定振幅，容易得到良好的振荡波形。

2. RC 串并联网络振荡器测试

（1）按照图 5-7-1 连接线路。

（2）断开 RC 串并联网络，测量放大器电压放大倍数。

（3）接通 RC 串并联网络，并使电路起振，用示波器观测输出电压(U_o)波形，调节R_f以获得满意的正弦信号，记录波形及其参数，并将相关结果分别填入表 5-7-1 和表 5-7-2 中。

表 5-7-1 RC 正弦波振荡电路工作值记录

设备	振荡频率		起振条件	
	理论值	实验值	放大倍数(A)	反馈增益(F)
RC 正弦波振荡电路				

表 5-7-2　RC 正弦波振荡电路的工作波形记录

设备	输出波形(标出幅值和频率)
RC 正弦波振荡电路	

(4)测量振荡频率，并与计算值进行比较。

(5)改变 R 或 C 的值，观察振荡频率的变化情况。

(6)RC 串并联网络幅频特性的观察情况如下。RC 串并联网络与放大器断开，用函数信号发生器的正弦信号注入 RC 串并联网络，保持输入信号的幅度不变(约 3 V)，频率由低到高变化，RC 串并联网络输出幅值将随之变化，当信号源达到某一频率时，RC 串并联网络的输出将达最大值(约 1 V)，且输入、输出同相位，此时信号源频率为

$$f = f_0 = \frac{1}{2\pi RC} \tag{5-7-2}$$

五、分析与讨论

(1)由给定电路参数计算振荡频率，并与实测值比较，分析误差产生的原因。

(2)总结 RC 正弦波振荡器波形，确定幅值和频率。

六、注意事项

(1)RC 选频网络的电压增益测量时，不要将输入端和输出端接反。

(2)反馈网络电阻的选择，会影响电路起振。

(3)改变选频网络的电阻和电容值，会影响输出波形。

七、实验报告要求

(1)按照实验要求记录、整理实验数据，并对实验结果进行分析。

(2)总结实验中出现的问题和解决办法。

实验八　占空比可调方波发生器

一、实验目的

(1)熟悉方波发生器的工作性能，了解占空比调整方法。

(2)掌握集成运放构成方波发生器的电路结构。

(3)学习波形发生器的调整和主要性能指标的测试方法。

二、预习要求

(1)复习方波发生器电路的结构与工作原理。

(2)计算实验电路输出波形的周期。

(3)熟练使用示波器测量发生电路的幅值和频率。

三、实验设备与器件

ET-A 实验仪一台，SDS1000A 示波器一台，直流稳压电源一台，低频信号发生器一台，万用表一块，毫伏表一台，电阻、电容若干，LM358 集成运放。

四、实验内容与步骤

1. 占空比可调方波发生电路

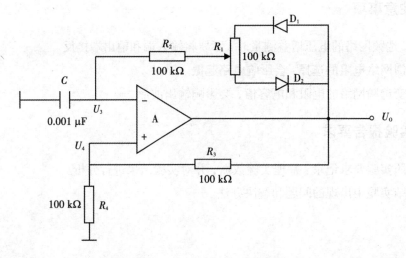

图 5-8-1　占空比可调方波发生电路图

占空比可调方波发生电路如图 5-8-1 所示。滑动变阻器 R_1，R_2 和 C 构成积分器，电

阻 R_3，R_4 和集成运放构成滞回电压比较器且作为开关电路。U_3，U_4 为基准电压。

当 $t=0$ 时，U_o 为正饱和值（ $+U_{om}$ ），通过 D_1，$R_{1上}$，R_2 向 C 充电。当 U_3 稍大于 U_4（ $U_4=$ $1/2\ U_{om}$ ）时，U_o 由 $+U_{om}$ 跳变到 $-U_{om}$，此时 U_4 随之跳到 $-1/2\ U_{om}$。这时 C 通过 R_2，$R_{1下}$，D_2 放电，U_3 逐渐下降，当 U_3 降到稍低于 $-1/2\ U_{om}$ 时，U_o 又跳到 $+U_{om}$，开始下一步循环。由于充电和放电的时间不同，而且可以调节，所以能得到占空比可调的方波输出。

2. 占空比可调方波发生电路测试

（1）按照图 5-8-1 连接线路，接通直流电源。

（2）将电位器 R_1 调到适当位置。观察输出波形是否为方波，然后调节 R_1 观察方波的周期是否改变、占空比是否可以调节。电容取 0.01，0.1 μF。

（3）调节电位器 R_1，占空比分别为 0，1/2，1 时，测出 U_o 方波的幅值和周期。

表 5-8-1 占空比可调方波发生电路工作值记录

占空比	幅值		周期	
	理论值	实验值	理论值	实验值
0				
1/2				
1				

五、实验总结

（1）填写测试的自拟表格。

（2）绘制方波发生电路的输出波形，标注幅值和频率。

六、注意事项

（1）注意方波发生电路占空比可调电路部分的二极管的方向。

（2）二极管的导通电压会影响发生电路的幅值。

（3）输出波形失真时，可以调节电路中的电阻和电容。

七、实验报告要求

（1）按照实验要求记录、整理实验数据，并对实验结果进行分析。

（2）总结实验中出现的问题和解决办法。

第六章 模拟电子技术仿真实验

实验一 电子元器件特性检测

一、实验目的

(1)学习二极管和三极管的电路连接方法及元器件模型参数设置方法。

(2)学会使用 NI Multisim 12 软件中的直流扫描分析方法测试二极管 $I\text{-}V$ 特性曲线和三极管的输出特性曲线。

(3)利用 NI Multisim 12 软件验证二极管的开关特性、三极管的工作区。

二、预习要求

(1)复习二极管、三极管的相关知识,熟悉二极管的特性曲线和三极管的输出特性曲线。

(2)熟练掌握 NI Multisim 12 中直流扫描仪的分析方法。

三、实验设备

一台安装 NI Multisim 12 软件的计算机。

四、实验内容与步骤

1. 二极管 $I\text{-}V$ 特性测试

(1)二极管 $I\text{-}V$ 特性测试内容。其电路如图 6-1-1 所示。

分析:

① 利用 IV 分析仪观察二极管的 $I\text{-}V$ 特性曲线;

② 测试二极管的门限电平和工作电流;

③ 改变二极管型号,观察二极管 $I\text{-}V$ 特性曲线的差异性。

(2)二极管 $I\text{-}V$ 特性测试仿真。打开 NI Multisim 12 软件,建立新文件,选取并放置

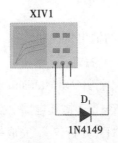

图 6-1-1 二极管的 I-V 特性测试电路图

电路元件，在原理图编辑区按照图 6-1-1 搭建电路。点击"元器件库"中的" ⊁ "按钮，选取二极管"1N4149"，再选取"IV 分析仪"，完成接线。点击"运行"，如图 6-1-2 所示，启动"游标"，在 I-V 特性曲线上显示，二极管的门限电平近似 0.6 V，此时的工作电流约为 0.92 mA。提示：IV 分析仪中横纵轴电压、电流的范围设定要合理。

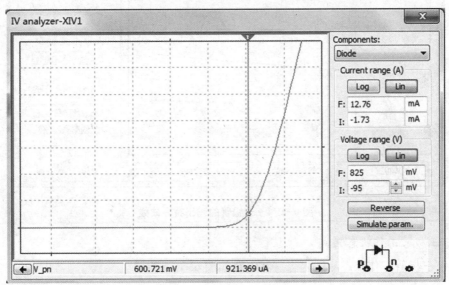

图 6-1-2 二极管的 I-V 特性曲线

2. 三极管输出特性测试

（1）三极管输出特性测试内容。其电路如图 6-1-3 所示。

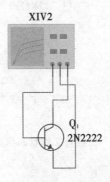

图 6-1-3 三极管输出特性测试电路图

分析：

① 利用 IV 分析仪观察三极管的输出特性曲线；

② 测试三极管不同工作区的 I–V 特性。

（2）三极管输出特性测试仿真。打开 NI Multisim 12 软件，建立新文件，选取并放置电路元件，在原理图编辑区按照图 6-1-3 搭建电路。点击"元器件库"中的"**✳**"按钮，选取三极管的"2N2222"，再选取"IV 分析仪"，完成接线。点击"运行"，如图6-1-4所示，启动"游标"，三极管的 U_{CE} 的临界饱和电压值近似 0.397 V，此时 I_C 约为 0.315 A。

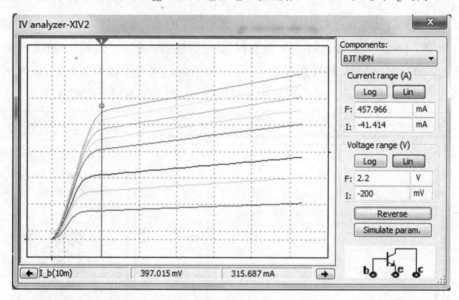

图 6-1-4　三极管的输出特性曲线

3. 三极管工作状态测试

（1）三极管工作状态测试内容。其电路如图 6-1-5 所示。

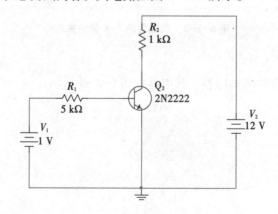

图 6-1-5　三极管工作状态测试电路图

分析：

① 利用直流扫描分析方法判断三极管的工作区域;

② 改变电路元件参数,测试工作区域的变化。

(2)三极管工作状态测试仿真。打开 NI Multisim 12 软件,建立新文件,选取并放置电路元件,在原理图编辑区按照图 6-1-5 搭建电路。点击"元器件库",选取三极管、电阻和电源,完成接线。点击"Simulate"菜单项,选择"Analyses and Simulation",如图 6-1-6 所示,给"V1"设定合适起始值、终止值和增量,输出量选择三极管的 U_{CE},点击"运行",如图 6-1-7 所示。

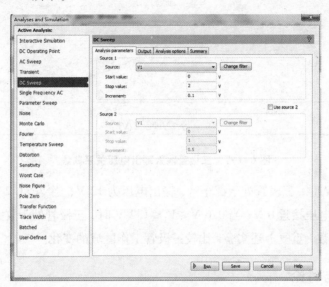

(a)输入信号源设置

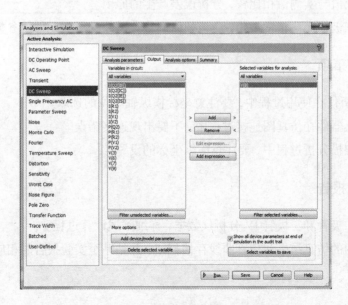

(b)输出量选取

图 6-1-6 利用直流扫描分析三极管的工作状态

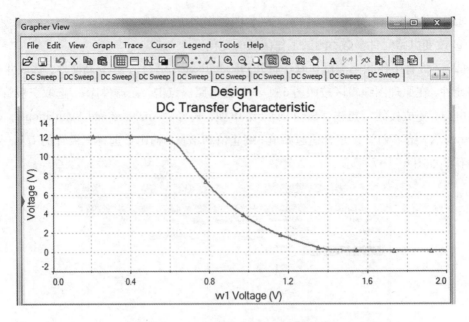

图 6-1-7　三极管输入输出电压关系曲线

当 $V_1 < 0.6$ V 时，三极管处于截止区，输出电压为 12 V；当 $V_1 > 1.2$ V 时，三极管处于饱和区，输出电压接近 0 V；当 0.6 V $\leqslant V_1 \leqslant 1.2$ V 时，三极管处于放大区。

改变元件参数，重复上述实验，比较三极管工作区域的变化。

五、分析与讨论

(1)将理论值与实测值相比较，分析误差产生的原因。

(2)如果三极管无法正常工作，应该如何调整？需改变哪些元件的参数？

六、注意事项

(1)IV 分析仪在使用过程中，要注意坐标横纵轴单位的选取。

(2)电子元器件在仿真图连接过程中，不要出现连接错误。

(3)直流扫描分析过程中，要注意横纵坐标的设置。

七、实验报告

(1)记录二极管和三极管 IV 分析仪数据，详细阐述计算过程。

(2)实验中的仿真结果和仿真曲线存档打印，并粘贴至实验报告的相应位置。

实验二　晶体管共发射极放大电路

一、实验目的

（1）学习利用分立元件搭建晶体管共发射极放大电路。

（2）掌握放大电路的幅频特性测试方法。

（3）利用 NI Multisim 12 实现电路电压增益测量。

二、预习要求

（1）复习单管共发射极放大电路的组成和工作原理。

（2）熟练掌握 NI Multisim 12 中示波器、波特图测试仪的使用方法。

（3）计算图中晶体管共发射极放大电路的电压放大倍数、输入电阻和输出电阻。

（4）熟练掌握放大电路的通频带获取。

三、实验设备

一台安装 NI Multisim 12 软件的计算机。

四、实验内容

1. 晶体管共发射极放大电路测试内容

晶体管共发射极放大电路如图 6-2-1 所示。

分析：

① 调整电路元件，并利用电流表、电压表测试静态工作点；

② 合理调整元件参数，保证输出波形不失真，利用示波器观测放大电路的输入输出波形；

③ 利用交流扫描分析方法测试放大电路的幅频特性曲线，获取放大电路的电压增益和通频带。

2. 晶体管共发射极放大电路测试仿真

（1）放大电路静态工作点测试仿真。打开 NI Multisim 12 软件，建立新文件，选取并放置电路元件，在原理图编辑区按照图 6-2-1 搭建电路。提示：如图 6-2-2 所示，点击"元器件库"，在"Group"下拉列表中选择"indicators"，以选取电流表和电压表。点击"元器件库"，选取三极管、电阻和电源，完成接线。点击"运行"，静态工作点显示如图6-2-3 所示。

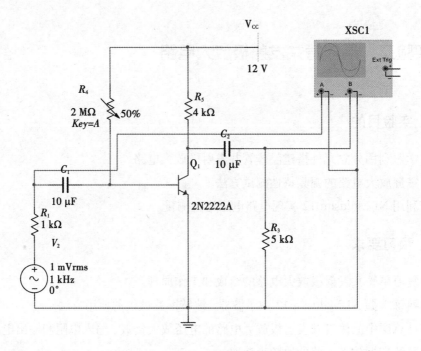

图 6-2-1　晶体管共射极放大电路图

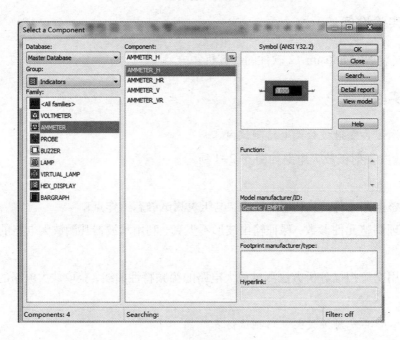

（a）选取电流表

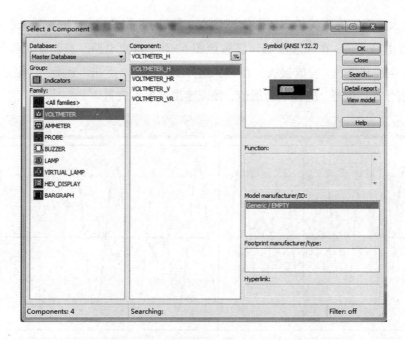

(b)选取电压表

图 6-2-2　NI Multisim 12 元器件库中选取电流表和电压表

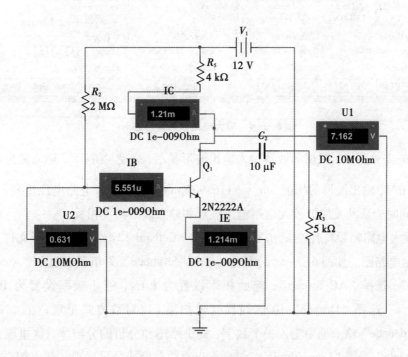

图 6-2-3　放大电路静态工作点

注意：晶体管正常放大工作，发射结电压为 0.6 V，集电极电流（I_C）是基极电流（I_B）的 β 倍，根据测试数据，获取晶体管 2N2222A 的参数 β 是 217.9，与元件的理论值 220 相近；同时，晶体管正常放大工作，U_{CE} 是 U_{CC} 的 1/3～2/3，故测试数据满足要求。

（2）放大电路不失真的输出波形测试仿真。打开 NI Multisim 12 软件，建立新文件，选取并放置电路元件，在原理图编辑区按照图 6-2-1 搭建电路。点击"元器件库"，选取三极管、电阻和电源，完成接线。在右侧选择示波器后，点击"运行"。提示：放大电路的输入信号是小信号，应选取合适值，保证输出波形不失真。

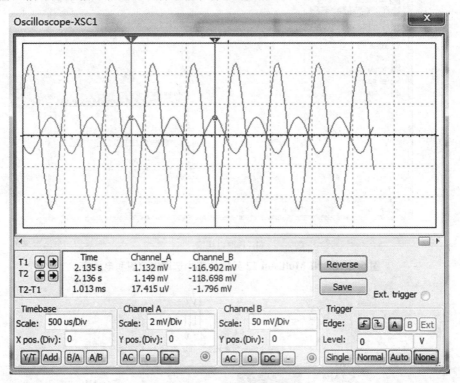

图 6-2-4　放大电路输入输出波形

如图 6-2-4 所示，根据示波器输入输出波形显示，启动"游标"，输入波形的幅值为 $u_i = 1.132$ mV，输出波形的幅值为 $u_o = -116.902$ mV，计算放大电路电压增益（$\dot{A}_U$）近似为 -100，同时验证共发射极放大电路输出波形和输入波形相位相反。

（3）放大电路幅频特性测试仿真。打开 NI Multisim 12 软件，建立新文件，复制图 6-2-1 所示电路图。如图 6-2-5（a）所示，点击"Simulate"菜单项，选择"Analyses and Simulation"，选择"AC Sweep"；起始频率设置为 1 Hz，停止频率设置为 100 MHz；"Sweep type"选择"Decade"10 倍频程变化扫描，以对数方式呈现；在"Number of points per decade"输入框中输入一个数字，提供绘图和分析的分辨率，这里输入"10"；"Vertical scale"选择"Logarithmic"，纵坐标以对数刻度或分贝展现。频率扫描的范围选择如果不合适，可以重新设置。

输出变量设置如图 6-2-5（b）所示。在图 6-2-1 中，选择放大电路的输出端设置为分析节点，点击"运行"，得到该放大电路的幅频特性曲线和相频特性曲线，如图 6-2-6 所示。

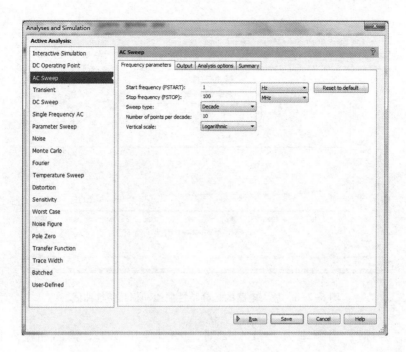

(a)频率设置

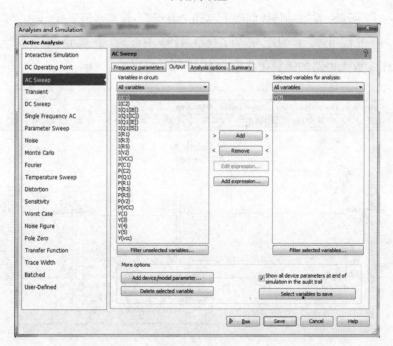

(b)输出变量设置

图 6-2-5 利用交流扫描分析放大电路

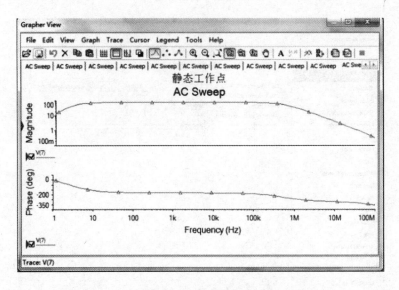

图 6-2-6　放大电路的幅频特性曲线和相频特性曲线

启动"游标"，当频率为 $f=1$ kHz 时，$|\dot{A}_U|=76.3992$，输出和输入相位差为 $-179.8450°$，与图 6-2-4 波形观测电压增益存在误差。

如图 6-2-7 所示，在幅频特性曲线上移动"游标"，观察 y 值，当 $y=0.707×76.3992=54.014$ 时，通带截止频率的下限为 $f_L=3.4283$ Hz，通带截止频率的上限为 $f_H=504.7769$ kHz，放大电路的通频带为 $f_{BW}=504.7734$ kHz。

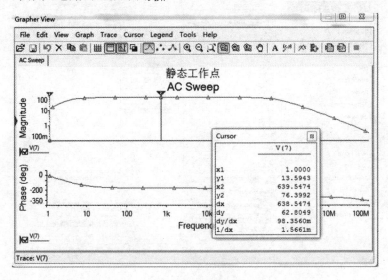

(a)放大电路的通带电压增益

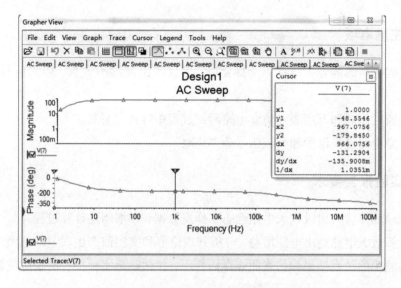

（b）放大电路输出输入波形相位差

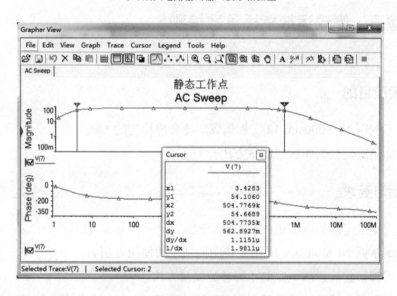

（c）放大电路通频带

图 6-2-7 测试放大电路的通频带

五、分析与讨论

（1）如果输出电压幅值过大，输出波形会出现什么现象？

（2）保证静态工作点合适，通过调节 R_B 电阻实现，为什么？R_B 电阻的数量级应该怎么确定？

六、注意事项

(1)放大电路的静态工作点应选择合适,保证输出波形不失真,输入信号幅值要保持不变。

(2)电流电压表和万用表在仿真电路测试过程中存在差异性。

(3)注意电路直流电源和交流信号源"共地"。

七、实验报告要求

(1)记录晶体管共射极放大电路静态工作点数据,详细阐述计算过程。

(2)计算放大电路输出电压增益,分析其理论值和实测值产生误差的原因。

(3)实验中的仿真结果和仿真曲线存档打印,并粘贴至实验报告的相应位置。

实验三 集成运放指标参数检测

一、实验目的

(1)学习利用 NI Multisim 12 实现集成运放参数检测的方法。

(2)掌握集成运放工作区的测试方法。

二、预习要求

(1)复习集成运放的电路组成和工作原理。

(2)熟练掌握 NI Multisim 12 中波特图测试仪的使用方法。

(3)复习理想集成运放电路的指标参数测量方法。

(4)熟练掌握集成运放线性区和饱和区的工作特点,绘制电压传输特性曲线。

三、实验设备

一台安装 NI Multisim 12 软件的计算机。

四、实验内容与步骤

1. 集成运放失调电压测试

(1)集成运放失调电压测试内容。其电路如图 6-3-1 所示。

分析:

① 确定集成运放电路的失调电压的合理数量级范围;

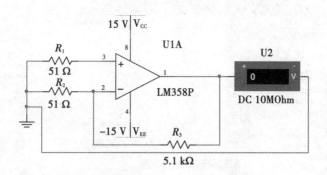

图 6-3-1 集成运放失调电压测试电路图

② 输入端 R_1，R_2 电阻数量级选择不同，对失调电压的影响。

（2）集成运放失调电压测试仿真。建立新文件，选取并放置电路元件，在原理图编辑区按照图 6-3-1 搭建电路。点击"运行"，用万用表测试输出电压（U_o）。

提示：集成运放选用 LM358P，点击"元器件库"中的"⋭"按钮，如图 6-3-2 所示，打开"Select a Component"对话框，选择 LM358P 放置在原理图编辑区适当位置。如图 6-3-3 所示，选择"⌁"按钮，选取合适电阻（resistor）和电容（capacitor）。

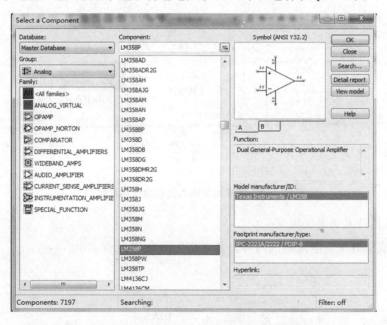

图 6-3-2 "Select a Component" 对话框

根据运行结果，输出电压为 -3.396 mV，如图 6-3-4 所示，计算获得集成运放输入失调电压为 $U_{os}=33$ μV，一般集成运放的输入失调电压为 100 μV，失调电压越小，说明集成运放的对称性越好。可以调整输入端 R_1，R_2 电阻值，重复上述实验，比较失调电压有无差异。

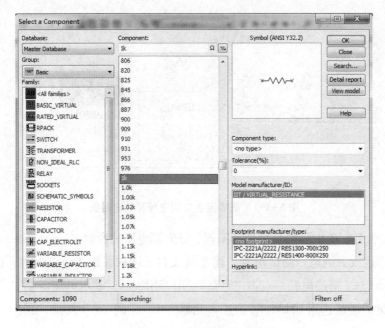

图 6-3-3　选取电阻电容元器件

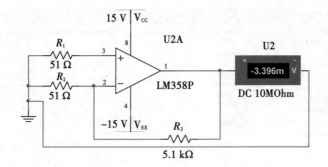

图 6-3-4　集成运放输入失调电压测试结果

2. 集成运放失调电流测试

（1）集成运放失调电流测试内容。其电路如图 6-3-5 所示。

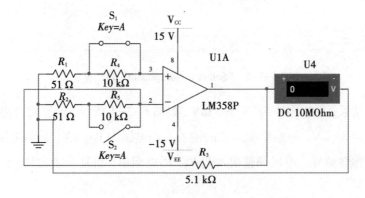

图 6-3-5　集成运放失调电流测试电路图

分析:

① 确定集成运放电路的失调电流的合理数量级范围;

② 不同的反馈电阻对测试结果的影响。

(2)集成运放失调电流测试仿真。点击菜单文件,选择"新建",建立新文件,选取并放置电路元件,在原理图编辑区按照图6-3-5搭建电路。

闭合开关 S_2,点击"运行",测得同相端输入失调电压(U_{o1}),闭合开关 S_1,点击"运行",测得同相端输入失调电压(U_{o2}),测得电路同相端输入失调电压为$U_{o1} = 0.017$ V,测得电路反相端输入失调电压为$U_{o2} = -0.151$ mV,如图6-3-6所示。

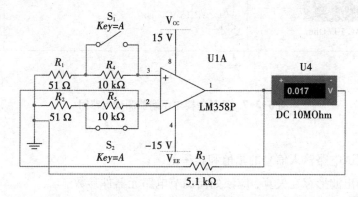

(a)同相端输入失调电压(U_{o1})

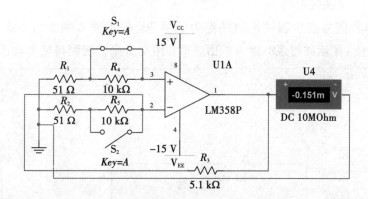

(b)反相端输入失调电压(U_{o2})

图6-3-6 集成运放输入失调电压测试结果

该集成运放输入失调电流为

$$I_{os} = | U_{o2} - U_{o1} | \frac{R_1}{R_1 + R_f} \frac{1}{R_3} = 16.9 \ \mu A$$

输入失调电流在100 μA以下,说明差分对管 β 的对称性越好。

3. 开环差模电压增益测试

(1)开环差模电压增益测试内容。其电路如图6-3-7所示。

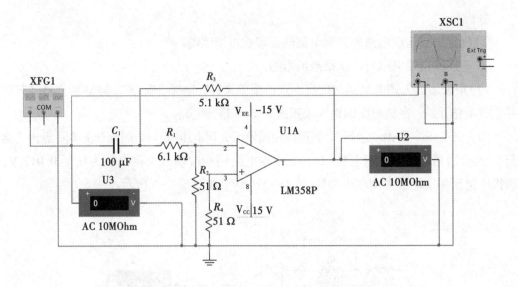

图 6-3-7　开环差模电压增益测试电路图

分析：

① 确定测试电路输入信号的幅值和频率范围；

② 如果输出波形存在失真，应该如何调节电路元器件参数。

（2）开环差模电压增益测试仿真。建立新文件，选取并放置电路元件，在原理图编辑区按照图 6-3-7 搭建电路。

电路中函数信号发生器的输出端作为信号源，保证输入频率为 100 Hz、幅值为 30 mV 正弦信号，用示波器观察输入输出波形，用交流毫伏表测得输入输出电压值，如图 6-3-8 所示。

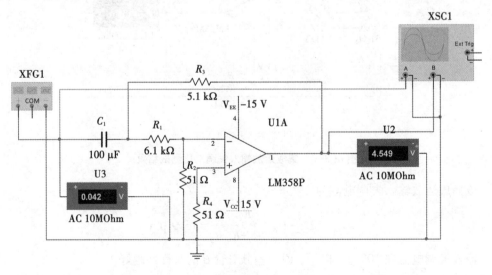

（a）U_i 和 U_o 的测试结果

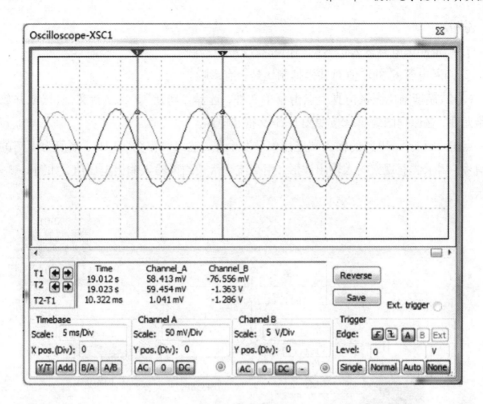

（b）输入输出波形结果

图 6-3-8　开环差模电压增益测试结果

开环差模电压增益为

$$A_{\text{ud}} = \left(1 + \frac{R_1}{R_2}\right)\frac{U_\text{o}}{U_\text{i}} = 13060.6233$$

4. 共模抑制比测试

（1）共模抑制比测试内容。其电路如图 6-3-9 所示。

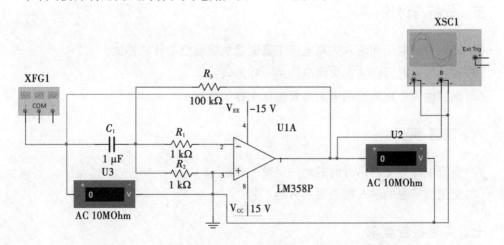

图 6-3-9　共模抑制比测试电路图

175

分析：

① 确定测试电路输入信号的幅值和频率范围；

② 判断电容 C_1 的取值对共模抑制比是否有影响。

（2）共模抑制比测试仿真。点击菜单文件，选择"新建"，建立新文件，选取并放置电路元件，在原理图编辑区按照图 6-3-9 搭建电路。

点击"运行"，电路的输入端连接信号发生器，输入频率为 10 Hz、幅值为 1 V 的正弦信号，用示波器观察输入输出波形，用交流毫伏表测得输入输出电压值，如图 6-3-10 所示。

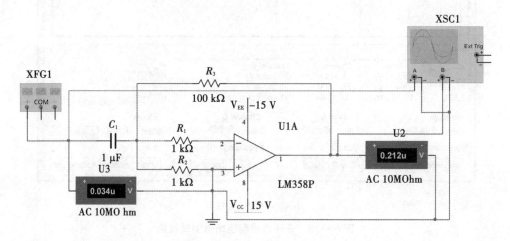

图 6-3-10　U_{ic} 和 U_{oc} 的测试结果

共模抑制比为

$$CMRR = \left| \frac{A_d}{A_c} \right| = \frac{R_3}{R_1} \frac{U_{ic}}{U_{oc}} = 16.04$$

五、分析与讨论

（1）输入失调电压和输入失调电流主要衡量集成运放的什么性能？

（2）输入偏置电流和输入失调电流是一样的吗？

（3）测试输入失调电流的电阻需要做什么样的调整？

六、注意事项

（1）直流电源和交流信号源的地一定要"共地"。

（2）交流信号源的输入幅值要尽可能小。

七、实验报告要求

（1）记录集成运放参数检测的数据，详细阐述计算过程。

（2）查询实际集成运放的指标参数，分析理论值和实测值产生误差的原因。

（3）实验中的仿真结果和仿真曲线存档打印，并粘贴至实验报告的相应位置。

实验四　运算电路

一、实验目的

（1）学习利用集成运放构成运算电路的方法。

（2）掌握运算电路的平衡电阻的调节方法。

（3）利用 NI Multisim 12 实现直流电路电压增益测量。

二、预习要求

（1）复习各类运算电路的电路组成和工作原理。

（2）熟练掌握 NI Multisim 12 中波特图测试仪的使用方法。

（3）计算各类运算电路的电压增益。

（4）比较不同运算电路中，输出端电阻和反馈电路电阻对电压增益的影响。

三、实验设备

一台安装 NI Multisim 12 软件的计算机

四、实验内容与步骤

1. 反相比例运算电路测试

（1）反相比例运算电路测试内容。其电路如图 6-4-1 所示。

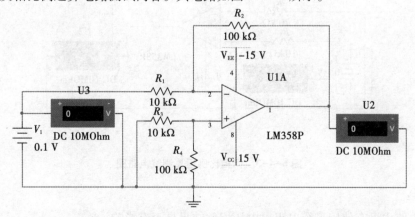

图 6-4-1　反相比例运算测试电路图

分析：

① 直流可调信号源，尝试采用直流电源并联滑动电阻器实现；

② 电阻数量级选取的原则对输出电压和输入电压的线性关系是否有影响。

（2）反相比例运算电路测试仿真。点击菜单文件，选择"新建"，建立新文件，选取并放置电路元件，在原理图编辑区按照图6-4-1搭建电路。点击"运行"，用直流电压表观测输入电压(U_i)和输出电压(U_o)，如图6-4-2所示。

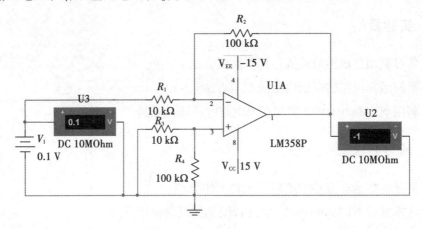

图6-4-2　反相比例运算测试结果

输入直流电压选择$-5\sim5$ V，重复上述操作，多测几组数据，验证反相比例运算输出电压和输入电压的线性关系。

2. 同相比例运算电路测试

（1）同相比例运算电路测试内容。其电路如图6-4-3所示。

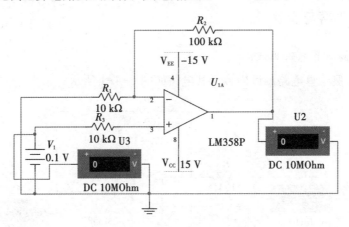

图6-4-3　同相比例运算测试电路图

分析：

① 电路中没有使用平衡电阻对电压增益结果是否有影响。

② 确定同相比例运算电路的输出电压与输入电压的线性比例关系。

(2)同相比例运算电路测试仿真。建立新文件,选取并放置电路元件,在原理图编辑区按照图6-4-3搭建电路。点击"运行",用直流电压表观测输入电压(U_i)和输出电压(U_o),如图6-4-4所示。

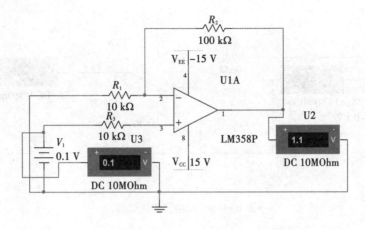

图 6-4-4 同相比例运算测试结果

输入直流电压选择-5~5 V,多测几组数据,验证同相比例运算输出电压和输入电压的线性关系。改变反馈电阻值,验证实验结果。考虑反馈电阻数量级是否影响集成运放的运算精度。

3. 反相器电路测试

(1)反相器电路测试内容。其电路如图6-4-5所示。

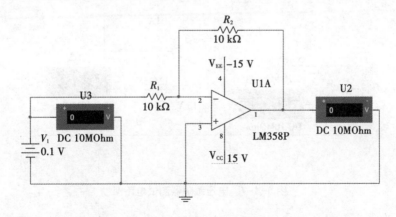

图 6-4-5 反相器测试电路图

分析:

① 电压表和万用表在测试数据时是否存在误差;

② 测试-5~5 V输入信号,输出电压增益的变化。

(2)反相器电路测试仿真。点击菜单文件,选择"新建",建立新文件,选取并放置电路元件，在原理图编辑区按照图6-4-5搭建电路。点击"运行"，用直流电压表观测输入电压（U_i）和输出电压（U_o），如图6-4-6所示。

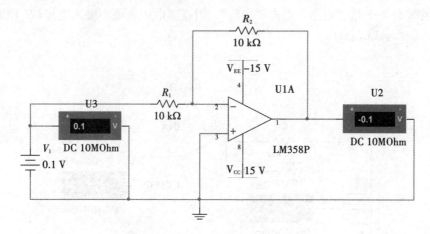

图6-4-6 反相器测试结果

选择输入电压-5~5 V，多测几组数据，验证反相器输出电压和输入电压的极性相反。

思考：同相输入端加上5 kΩ电阻，前后测试输出电压结果会有变化吗？

4. 电压跟随器电路测试

（1）电压跟随器电路测试内容。其电路如图6-4-7所示。

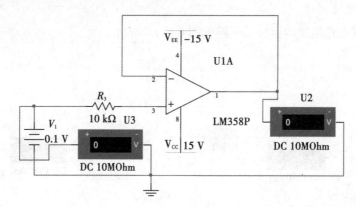

图6-4-7 电压跟随器测试电路图

分析：

① 利用电流表检测电压跟随器反馈网络上的电流是否有变化；

② 反馈网络上电阻对电压跟随器功能是否有影响。

（2）电压跟随器电路测试仿真。建立新文件，选取并放置电路元件，在原理图编辑区按照图6-4-7搭建电路。点击"运行"，用直流电压表观测输入电压（U_i）和输出电压（U_o），如图6-4-8所示。

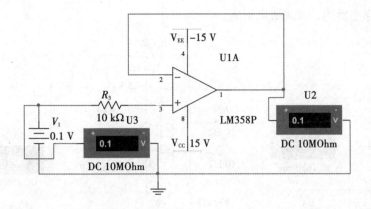

图 6-4-8 电压跟随器测试结果

输入直流电压选择-5~5 V，多测几组数据，验证电压跟随器输出电压和输入电压的一致性。思考：如果反馈网络加上 10 kΩ 电阻，前后测试输出电压结果会有变化吗？

5. 加减运算电路测试

(1)加减运算电路测试内容。其电路如图 6-4-9 所示。

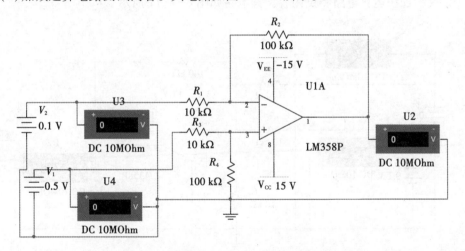

图 6-4-9 加减运算测试电路图

分析：

① 理论值和实测值的误差；

② R_4 电阻的取值不同对输出电压是否有影响。

(2)加减运算电路测试仿真。点击菜单文件，选择"新建"，建立新文件，选取并放置电路元件，在原理图编辑区按照图 6-4-9 搭建电路。点击"运行"，用直流电压表观测输入电压(U_i)和输出电压(U_o)，如图 6-4-10 所示。选取不同的几组输入电压，观测输出电压的变化；改变R_4电阻值，观测输出电压差异。

利用叠加原理。反相输入端反相比例运算，同相输入端同相求和（也可以理解为同相比例），获取输出和输入的线性关系，理论计算为$U_o = -10V_2 + 10V_1 = 4$，测试结果为

$U_o = 3.999$。综上所述，测试结果正确。

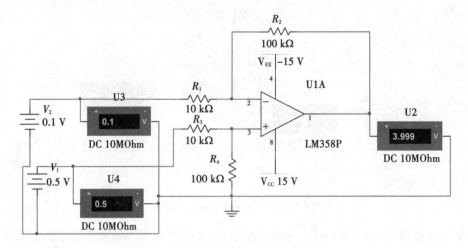

图 6-4-10 加减运算电路测试结果

6. 反相加法运算电路测试

（1）反相加法运算电路测试内容。其电路如图 6-4-11 所示。

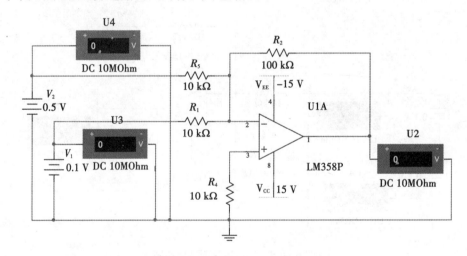

图 6-4-11 反相加法运算测试电路图

分析：

① 理论值和实测值的误差；

② 同相输入端和反相输入端的电阻不匹配是否对输出结果有影响。

（2）反相加法电路测试仿真。建立新文件，选取并放置电路元件，在原理图编辑区按照图 6-4-10 搭建电路。点击"运行"，用直流电压表观测输入电压（U_i）和输出电压（U_o），如图 6-4-12 所示。选取不同的几组输入电压，观测输出电压的变化；改变 R_4 电阻值，观测输出电压差异。

利用叠加原理，反相输入端反相求和运算，理论计算为 $U_o = -10V_2 - 10V_1 = -6$ V，测

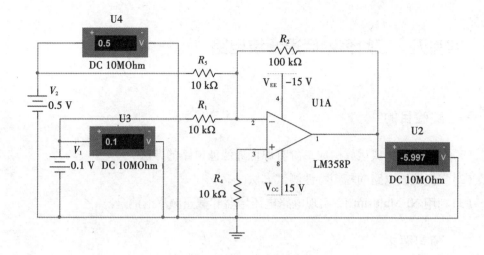

图6-4-12 反相加法电路测试结果

试结果为$U_o = -5.997$ V。综上所述，测试结果正确。

五、分析与讨论

(1)集成运算电路实现线性区工作的条件是什么？

(2)直流电流表和电压表的测试结果与万用表的测试结果存在差异性吗？

(3)同相比例运算电路中的平衡电阻的作用是什么？

六、注意事项

(1)直流电源和交流信号源的地一定要"共地"。

(2)直流可调信号源输入、输出不发生变化时，确认电路是否存在断路。

(3)电路中电阻和电容的调整，对输出结果存在影响。

七、实验报告要求

(1)记录运算电路的实验数据，详细阐述电路分析过程。

(2)计算运算电路的电压增益，分析理论值和实测值产生误差的原因。

(3)实验中的仿真结果和仿真曲线存档打印，并粘贴至实验报告的相应位置。

实验五　二阶有源低通滤波电路

一、实验目的

(1)学习利用集成运放构成二阶有源低通滤波电路的方法。

(2)掌握滤波电路的幅频特性测试方法。

(3)利用 NI Multisim 12 实现电路电压增益和截止频率的测量。

二、预习要求

(1)复习二阶有源低通滤波电路的电路组成和工作原理。

(2)熟练掌握 NI Multisim 12 中波特图测试仪的使用方法。

(3)计算图中二阶有源低通滤波电路的通带电压放大倍数和通带截止频率。

(4)比较二阶有源低通滤波和压控电压源低通滤波,分析品质因数对滤波性能的影响。

三、实验设备

一台安装 NI Multisim 12 软件的计算机。

四、实验内容与步骤

1. 二阶有源低通滤波电路滤波特性分析

(1)二阶有源低通滤波电路测试内容。其电路如图 6-5-1 所示。

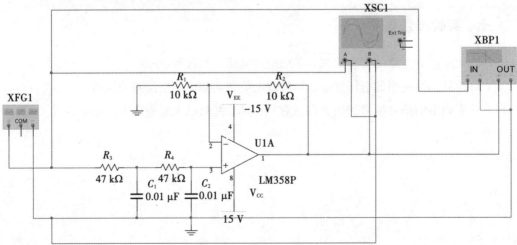

图 6-5-1　二阶有源低通滤波电路图

分析：

① 利用示波器观察二阶有源低通滤波电路的输入输出波形，测试通带电压放大倍数；

② 测试二阶有源低通滤波电路通带截止频率；

③ 改变信号源频率，观察输入输出波形，绘制二阶低通滤波电路的幅频特性曲线。

（2）二阶有源低通滤波电路测试仿真。打开 NI Multisim 12 软件，建立新文件，选取并放置电路元件，在原理图编辑区按照图 6-5-1 搭建电路。

① 二阶有源低通滤波电路幅频特性测试仿真。按照图 6-5-1 接线后，信号源选择 1 kHz，−5~5 V 幅值的正弦信号输入，连接输入端，选择波特图测试仪，观察波特图测试仪显示的幅频特性曲线，如图 6-5-2 所示。

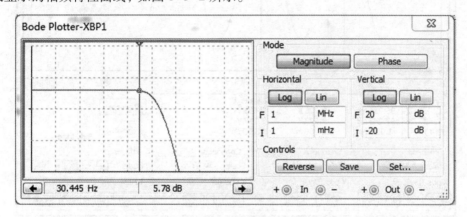

(a)通带电压增益

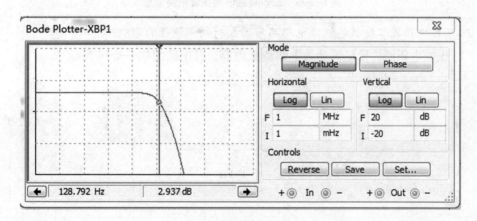

(b)通带截止频率

图 6-5-2　二阶有源低通滤波幅频特性曲线

启动"游标"，测得幅频特性曲线的通带电压增益为 5.78 dB，通带放大倍数为 1.95。当电压增益为 2.937 dB、电压放大倍数为 1.4 时，获取通带截止频率为 f_p = 128.792 kHz。该滤波电路的通带截止频率是 0.37 f_0，频率理论计算值为 f_0 = 338.799 kHz，理论计算和实验测试数据接近。

② 二阶有源低通滤波电路滤波特性测试仿真。如图 6-5-3 所示，通过示波器观察输入输出波形，当输入信号频率为 1 kHz 时，滤波电路已经开始衰减。可以调整输入信号频率，反复测试。

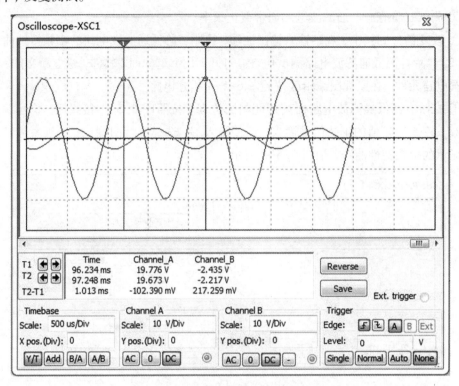

图 6-5-3　二阶有源低通滤波电路波形

2. 压控电压源二阶低通滤波电路品质因数对频率特性的影响

(1)压控电压源二阶低通滤波电路测试内容。其电路图如 6-5-4 所示。

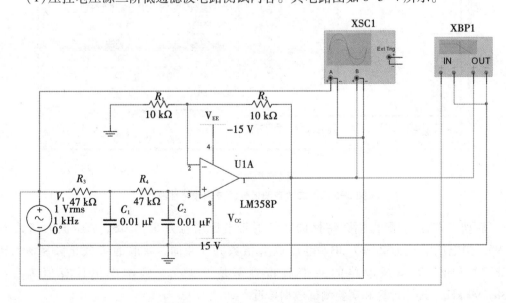

图 6-5-4　压控电压源二阶低通滤波电路图

分析：

① 压控电压源二阶低通滤波电路品质因数(Q)对频率特性的影响；

② 反馈电阻对品质因数的影响分析。

(2)压控电压源二阶低通滤波电路测试仿真。按照图 6-5-4 接线后，选择交流信号 1 kHz，1 V 幅值的正弦信号输入，连接输入端，选择波特图测试仪，观察波特图测试仪显示的幅频特性曲线，如图 6-5-5 所示。

如图 6-5-5(a)所示，游标处电压增益为 5.835 dB，电压放大倍数为 1.95，品质因数为 $Q=0.97$。改变反馈电阻，如图 6-5-5(b)所示，通带电压放大倍数增加，游标处电压增益为 13.764 dB，电压放大倍数为 4.88，品质因数为 $Q=1.95$。

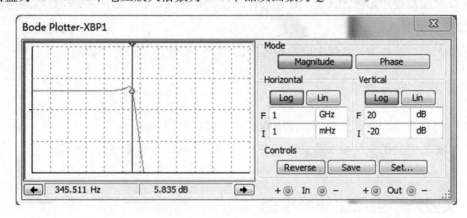

(a)通带电压增益

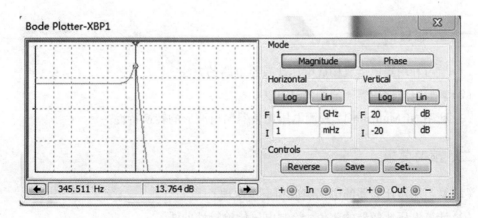

(b)R_f增大后通带电压增益

图 6-5-5　压控电压源二阶低通滤波幅频特性曲线

3. 设计二阶有源低通滤波电路

设计一个二阶有源低通滤波电路，要求特征频率为 $f_0=1$ kHz，通带放大倍数为 $A_{up}=2$，品质因数为 $Q=1$。

按照要求完成电路设计，并采用适当的方法进行调试，若不能达到设计要求，参照上述步骤进行修改，直到完成测试。

五、分析与讨论

(1)计算通带电压放大倍数和通带截止频率，并与实测值比较，分析产生误差的原因。

(2)如果电路滤波效果不理想，应该如何调整？

六、注意事项

(1)直流电源和交流信号源的地一定要"共地"。

(2)示波器显示输出无波形，首先进行示波器自检，如果波形正常，检查电路连接和信号源频段范围。

(3)无源滤波环节，电路中电阻和电容的调整，对输出波形存在影响。

七、实验报告要求

(1)记录波特图测试仪数据，详细阐述计算过程。

(2)实验中的仿真结果和仿真曲线存档打印，并粘贴至实验报告的相应位置。

实验六　电压比较器电路

一、实验目的

(1)学习利用集成运放构成电压比较器电路的方法。

(2)掌握电压比较器阈值的测试方法。

(3)利用 NI Multisim 12 观测电压比较器输出波形的转换特性。

二、预习要求

(1)复习电压比较器的电路组成和工作原理。

(2)计算电压比较器的阈值，绘制电压传输特性曲线。

三、实验设备

一台安装 NI Multisim 12 软件的计算机。

四、实验内容与步骤

1. 过零比较器电路测试

(1)过零比较器电路测试内容。其电路如图6-6-1所示。

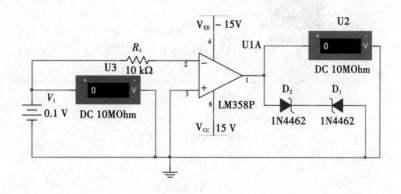

(a)输入直流信号

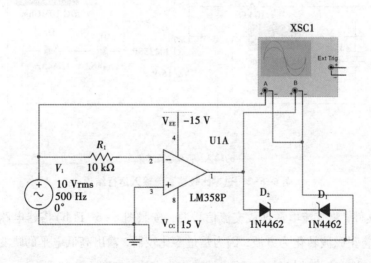

(b)输入交流信号

图6-6-1 过零比较器电路图

分析:

① 过零比较器的工作特性,集成运放可否满足"虚短";

② 限幅电路对过零比较器正常工作是否有影响。

(2)过零比较器电路测试仿真。绘制电路原理图,打开 NI Multisim 12 软件,建立新文件,选取并放置电路元件,在原理图编辑区按照图6-6-1(a)搭建电路。直流电源设置为 $U_i = 0.1\ V(>0)$,点击"运行",输出端电压为 $U_o = -8.716\ V$;调整直流电源为 $U_i = -0.1\ V(<0)$,点击"运行",输出端电压为 $U_o = 8.716\ V$。如图6-6-2所示,该过零比较

器测试电路工作正常。

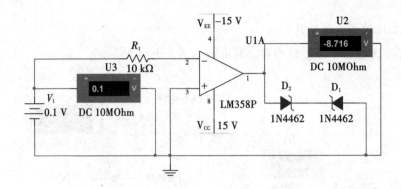

（a）输入 $U_i > 0$ 运行结果

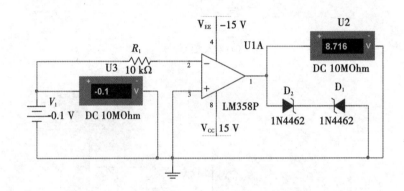

（b）输入 $U_i < 0$ 运行结果

图6-6-2　过零比较器直流输入运行结果

　　建立新文件，将直流电源换成交流信号源，按照图6-6-1(b)搭建电路。点击"运行"，输出端将正弦波转化为方波，因为是过零比较器，输出高低电平的跳变恰好发生在正弦曲线正负半轴交界的横轴上，输出端转化为方波，如图6-6-3所示。

　　2. 滞回电压比较器电路测试

　　(1)滞回电压比较器电路测试内容。其电路如图6-6-4所示。

　　分析：

　　① 滞回电压比较器的阈值判定需要连续变化的信号，直流信号实现有困难；

　　② 输入信号的幅值和限幅电路的电压关系的确定方法。

　　(2)滞回电压比较器电路测试仿真。绘制电路原理图，打开 NI Multisim 12 软件，建立新文件，选取并放置电路元件，在原理图编辑区按照图6-6-4搭建电路。滞回电压比较器的输出跳变是连续变化的过程，NI Multisim 12 里无法实现直流正负电压的连续变化。因此，将输入端连接交流信号源，点击"运行"，输出端实现正弦波转化为方波。

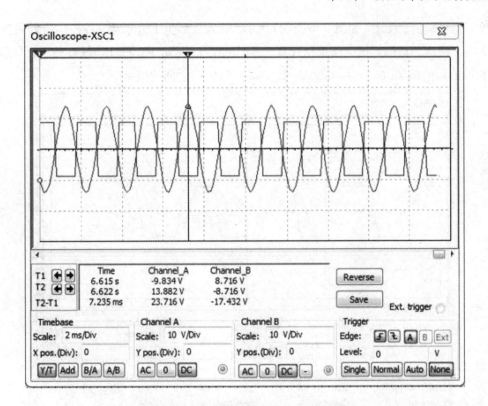

图 6-6-3 过零比较器交流输入运行结果

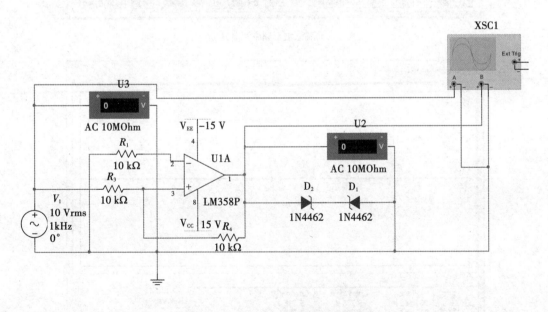

图 6-6-4 滞回电压比较器测试电路图

如图 6-6-5(a)所示，输入幅值为 10 V、频率为 1 kHz 的交流信号，在示波器上显示波形是 14.052，是波形的峰值。提示：输入的幅值设置一定要大于限幅电路的输出，否则比较器无法发生跳变。如图 6-6-5(b)所示，输入波形呈下降趋势，且输出恰好发生跳变，是小阈值；反之，如图 6-6-5(c)所示，输入波形呈上升趋势，且输出恰好发生跳变，是大阈值。根据测试电路理论计算，滞回电压比较器的阈值是 $U_T = \pm 4.38$ V，与示波器获取的阈值结果 $(U_{TL} = -4.629$ V，$U_{TH} = \pm 4.744$ V$)$ 之间的误差不大。

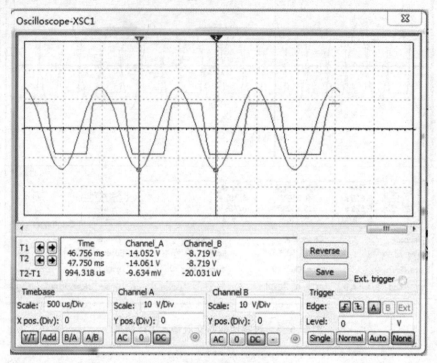

(a)输入波形频率和幅值

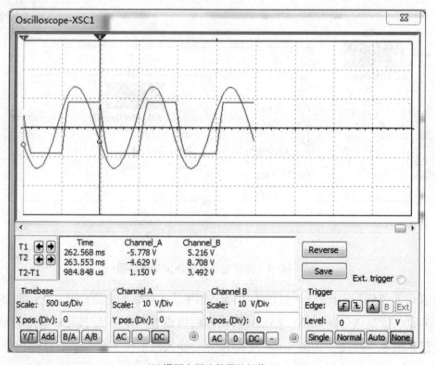

(b)滞回电压比较器的阈值 U_{TL}

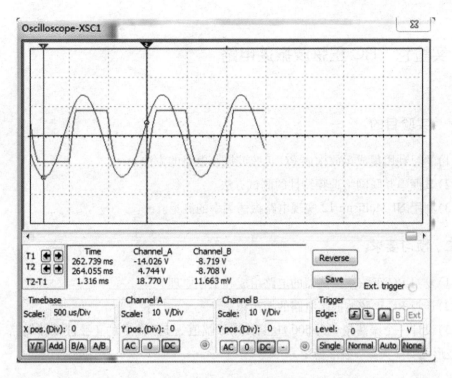

(c)滞回电压比较器的阈值U_{TH}

图 6-6-5 滞回电压比较器交流输入运行结果

五、分析与讨论

(1)计算电压比较器的阈值,并与实测值比较,分析产生误差的原因。

(2)滞回电压比较器如果无法实现波形转换,试分析有哪些原因。

六、注意事项

(1)输出波形失真,首先利用示波器自检,如果波形正常,检测电路连接。

(2)滞回电压比较器测试电路及交流信号时,输出波形不发生跳变,检查输入信号幅值设置。

七、实验报告要求

(1)记录示波器波形和数据,详细阐述计算过程。

(2)实验中的仿真结果和仿真曲线存档打印,并粘贴至实验报告的相应位置。

实验七　RC 正弦波振荡电路

一、实验目的

（1）学习利用集成运放构成 RC 正弦波振荡电路的方法。

（2）掌握串并联网络选频特性的测试方法。

（3）利用 NI Multisim 12 实现电路振荡频率的测量。

二、预习要求

（1）复习 RC 正弦波振荡器的电路组成和工作原理。

（2）计算 RC 正弦波振荡电路的振荡频率。

（3）设计一个振荡频率为 500 Hz～2 kHz、幅值为 5～10 V 的正弦波振荡电路，要求输出波形无明显失真，波形稳定。

三、实验设备

一台安装 NI Multisim 12 软件的计算机。

四、实验内容与步骤

1. RC 正弦波振荡电路测试

（1）RC 正弦波振荡电路测试内容。其电路如图 6-7-1 所示。

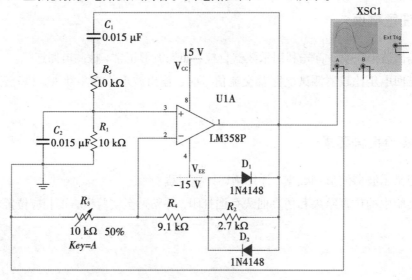

图 6-7-1　RC 正弦波振荡电路图

分析:

① 测试 RC 串并联网络的选频特性,测出电路固有频率(f_0);

② 移动电位器,观察 RC 正弦波振荡电路的输出波形,测试振荡周期,说明电位器在电路起振中的作用;

③ 观察输出波形,说明稳幅环节的作用。

(2)RC 正弦波振荡电路测试仿真。打开 NI Multisim 12 软件,建立新文件,选取并放置电路元件,在原理图编辑区按照图 6-7-1 搭建电路。

① 测试 RC 串并联网络的选频特性。重新建立文件,将 RC 串并联网络复制到新文件中,同时选择波特图测试仪,将交流信号源连接输入端,观察波特图测试仪显示的幅频特性曲线,如图 6-7-2 所示。启动"游标",测得幅频特性曲线的特征频率为 $f_0 =$ 1.052 kHz,RC 串并联网络的振荡频率理论计算值为 $f_0 = 1.062$ kHz,两者偏差不大。

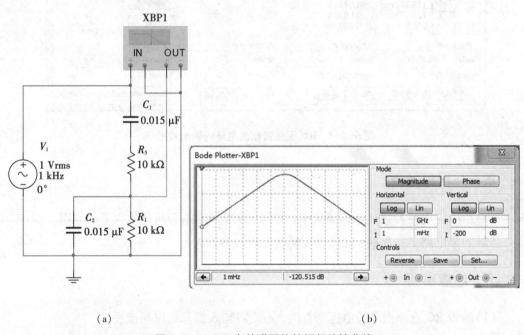

(a)　　　　　　　　　　　　(b)

图 6-7-2　RC 串并联网络的幅频特性曲线

② 测试电位器对输出波形的影响。将示波器放于集成运放输出端口,改变电位器滑动头的位置,当电位器设置为 50%时,在示波器上可以观测到 RC 正弦波振荡电路稳定的输出波形,如图 6-7-3 所示。

如图 6-7-3 所示,可以读出振荡波形的振荡周期为 $T = 946.970$ μs,可知振荡频率为 $f = 1.056$ kHz。若稳幅环节二极管 1N4148 的导通电压取 0.7 V,粗略估算正弦波形的输出电压的峰值为 11.66 V,与示波器输出波形峰值 11.82 V 相近。

2. 对 RC 正弦波振荡电路进行仿真和调试

按照要求完成设计电路,并采用适当的方法进行调试,若不能达到设计要求,参照上述步骤进行修改,直到完成测试。

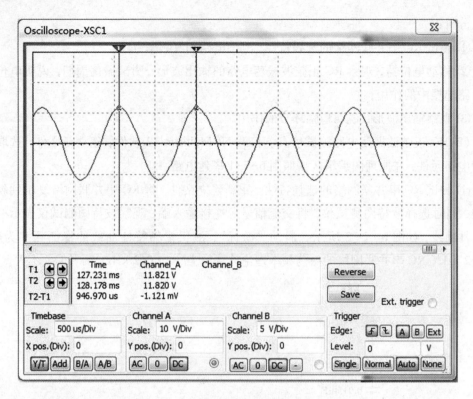

图 6-7-3　RC 正弦波振荡电路的输出波形

五、分析与讨论

(1)由给定电路参数计算振荡频率，并与实测值比较，分析产生误差的原因。

(2)如果电路不能起振，应该改变哪些元件的参数？

六、注意事项

(1)测量 RC 选频网络的电压增益时，不要将输入端和输出端接反。

(2)反馈网络电阻的选择影响电路起振。

(3)改变电路中电阻和电容值，对输出波形有影响。

七、实验报告要求

(1)记录实验结果，说明分析过程。

(2)实验中的仿真结果和仿真曲线存档打印，并粘贴至实验报告的相应位置。

实验八　占空比可调方波发生电路

一、实验目的

(1)学习利用集成运放构成占空比可调方波发生电路的方法。

(2)利用 NI Multisim 12 示波器观测占空比可调方波发生电路的幅值和频率。

二、预习要求

(1)复习占空比可调方波发生器的电路组成和工作原理。

(2)熟练掌握 NI Multisim 12 中示波器的使用方法。

(3)计算占空比可调方波发生电路的周期。

(4)设计输入幅值为 5～10 V、频率为 500～1000 Hz 的占空比可调方波发生电路,且保证波形稳定。

三、实验设备

一台安装 NI Multisim 12 软件的计算机。

四、实验内容与步骤

1. 占空比可调方波发生电路测试

(1)占空比可调方波发生电路测试内容。其电路如图 6-8-1 所示。

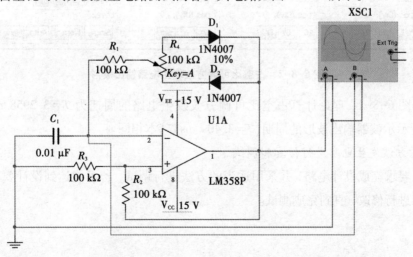

图 6-8-1　占空比可调方波发生电路图

分析:

① 测试方波发生电路的波形,测出波形周期;

② 移动电位器,观察输出波形占空比的变化;

③ C_1 改变,观察方波发生电路的输出变化。

(2)占空比可调方波发生电路测试内容。打开 NI Multisim 12 软件,建立新文件,选取并放置电路元件,在原理图编辑区按照图 6-8-1 搭建电路,进行测试电路波形发生仿真。

点击"运行",输出稳定的方波,幅值为 $U_o = 13.494$ V,如图 6-8-2 所示。同时观测输入端,发现电容充放电的电压峰值($U_C = 6.619$ V)。与理论计算的电容波形的电压峰值($U_C = 6.747$ V)基本相同。

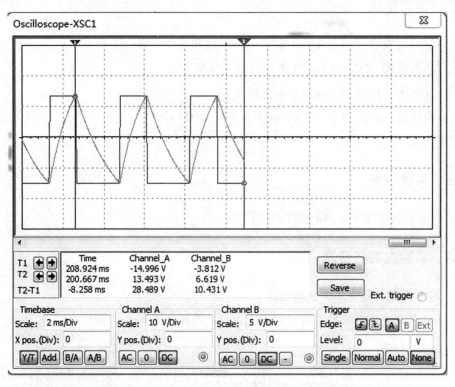

图 6-8-2　占空比可调方波发生电路输出波形

根据图 6-8-1,理论计算占空比可调方波发生电路的周期为 $T = 3.2958$ ms,与图 6-8-2 所示示波器输出波形的周期($T = 3.409$ ms)基本相同。

2. 对方波发生电路进行仿真和调试

按照要求完成设计电路,并采用适当的方法进行调试,若不能达到设计要求,参照上述步骤进行修改,直到完成测试。

五、分析与讨论

(1)由实验电路参数计算波形周期，并与实测值比较，分析产生误差的原因。

(2)如果电路不能产生方波，应该改变哪些元件的参数？如果波形失真，应该怎么调节？

六、注意事项

(1)注意占空比可调方波发生电路的二极管的方向。

(2)二极管的导通电压对方波发生电路的幅值有影响。

(3)如果输出波形失真，通过调节电路中的电阻和电容实现。

七、实验报告要求

(1)记录实验结果，说明分析过程。

(2)实验中的仿真结果和仿真曲线存档打印，并粘贴至实验报告的相应位置。

参考文献

［1］ 刘向军，文亚凤，孙淑艳，等. 电子技术实验指导书［M］. 2 版. 北京：中国电力出版社，2016.

［2］ 刘贵栋，张玉军. 电工电子技术 Multisim 仿真实践［M］. 哈尔滨：哈尔滨工业大学出版社，2013.

［3］ 孙淑艳，柳赟. 数字电子技术实验指导书［M］. 2 版. 北京：中国电力出版社，2017.

［4］ 余孟尝. 数字电子技术基础简明教程［M］. 丁文霞，齐明，修订. 4 版. 北京：高等教育出版社，2018.

［5］ 孙淑艳. 模拟电子技术实验指导书［M］. 北京：高等教育出版社，2013.

［6］ 华成英. 模拟电子技术基础：学习辅导与习题解答［M］. 5 版. 北京：高等教育出版社，2015.

［7］ 李立，陈艳，冯文果，等. 实用电子技术基础实验指导［M］. 重庆：重庆大学出版社，2017.

附 录

附录一　集成逻辑门电路逻辑符号

逻辑关系	与非	或非	异或	同或	与或非
逻辑表达式	$Y=\overline{A \cdot B}$	$Y=\overline{A+B}$	$Y=\overline{A}B+A\overline{B}$ $=A\oplus B$	$Y=\overline{A}\ \overline{B}+AB$ $=A\odot B$	$Y=\overline{AB+CD}$
逻辑符号					

附录二　常用数字集成电路型号及引脚图

电路名称及符号	引脚图	注释
六反相器 TTL 74LS04	V$_{CC}$ 6A 6Y 5A 5Y 4A 4Y 14 13 12 11 10 9 8 74LS04 1 2 3 4 5 6 7 1A 1Y 2A 2Y 3A 3Y GND	A:输入 Y:输出

附表(续)

电路名称及符号	引脚图	注释
二输入四与非门 TTL 74LS00	V_{cc} 4A 4B 4Y 3A 3B 3Y 14 13 12 11 10 9 8 **74LS00** 1 2 3 4 5 6 7 1A 1B 1Y 2A 2B 2Y GND	A, B: 输入 Y: 输出
二输入四或门 TTL 74LS32	V_{cc} 4A 4B 4Y 3A 3B 3Y 14 13 12 11 10 9 8 **74LS32** 1 2 3 4 5 6 7 1A 1B 1Y 2A 2B 2Y GND	A, B: 输入 Y: 输出
二输入四异或门 TTL 74LS86	V_{cc} 4A 4B 4Y 3A 3B 3Y 14 13 12 11 10 9 8 **74LS86** 1 2 3 4 5 6 7 1A 1B 1Y 2A 2B 2Y GND	A, B: 输入 Y: 输出
四输入二与非门 TTL 74LS20	V_{cc} 2A 2B NC 2C 2D 2Y 14 13 12 11 10 9 8 **74LS20** 1 2 3 4 5 6 7 1A 1B NC 1C 1D 1Y GND	NC: 空脚 A, B, C, D: 输入 Y: 输出
3线-8线译码器 TTL 74LS138	V_{cc} $\overline{Y_0}$ $\overline{Y_1}$ $\overline{Y_2}$ $\overline{Y_3}$ $\overline{Y_4}$ $\overline{Y_5}$ $\overline{Y_6}$ 16 15 14 13 12 11 10 9 **74LS138** 1 2 3 4 5 6 7 8 A_0 A_1 A_2 $\overline{S_3}$ $\overline{S_2}$ S_1 $\overline{Y_7}$ GND	反码输出

附表(续)

电路名称及符号	引脚图	注释
双四选一数据选择器 TTL 74LS153	**V_{CC} $2\overline{S}$ A_0 $2D_3$ $2D_2$ $2D_1$ $2D_0$ $2Y$** 16 15 14 13 12 11 10 9 74LS153 1 2 3 4 5 6 7 8 $1\overline{S}$ A_1 $1D_3$ $1D_2$ $1D_1$ $1D_0$ $1Y$ GND	2 个数选器 共用 A_1A_0 地址码
八选一数据选择器 TTL 74LS151	**V_{CC} D_4 D_5 D_6 D_7 A_0 A_1 A_2** 16 15 14 13 12 11 10 9 74LS151 1 2 3 4 5 6 7 8 D_3 D_2 D_1 D_0 Y $\overline{Y}$ $\overline{S}$ GND	互补输出
双 D 触发器 TTL 74LS74	**V_{CC} $2\overline{R}_D$ $2D$ $2CP$ $2\overline{S}_D$ $2Q$ $2\overline{Q}$** 14 13 12 11 10 9 8 74LS74 1 2 3 4 5 6 7 $1\overline{R}_D$ $1D$ $1CP$ $1\overline{S}_D$ $1Q$ $1\overline{Q}$ GND	上升沿触发
双 JK 触发器 TTL 74LS112	**V_{CC} $1\overline{R}_D$ $2\overline{R}_D$ $2CP$ $2K$ $2J$ $2\overline{S}_D$ $2Q$** 16 15 14 13 12 11 10 9 74LS112 1 2 3 4 5 6 7 8 $1CP$ $1K$ $1J$ $1\overline{S}_D$ $1Q$ $1\overline{Q}$ $2\overline{Q}$ GND	下降沿触发
计数器 TTL 74LS160/74LS161	**V_{CC} CO Q_0 Q_1 Q_2 Q_3 CT_T $\overline{LD}$** 16 15 14 13 12 11 10 9 74LS160/74LS161 1 2 3 4 5 6 7 8 $\overline{CR}$ CP D_0 D_1 D_2 D_3 CT_P GND	74LS160：十进制计数器； 74LS161：十六进制计数器

附表（续）

电路名称及符号	引脚图	注释
四位双向移位寄存器 TTL 74LS194	V_{CC} Q_0 Q_1 Q_2 Q_3 CP M_1 M_0 16 15 14 13 12 11 10 9 **74LS194** 1 2 3 4 5 6 7 8 $\overline{R}_D$ D_{SR} D_0 D_1 D_2 D_3 D_{SL} GND	$M_1 M_0$ 工作状态控制